漫话核安全 About Nuclear Safety

主编：傅晟威

编委：张黎明、付小波、黄桂、庞天照、陈玉清、张羽

中国原子能出版社
China Atomic Energy Press

前言
Foreword

核能利用促进了国防和经济建设，核力量是大国、强国的重要标志之一。任何事物都具有两面性，核能利用过程中也存在潜在的风险，三哩岛、切尔诺贝利、福岛等核电站的事故教训为人类利用核能敲响了警钟，核安全也成为社会关注的热点。

核安全是核能利用和核力量发展的基础。为了解答公众在核安全方面的疑问，使读者对核风险、核危害有更加理性的认识，本书采用通俗易懂的语言、图文并茂的表达形式，从认识核能、反应堆与核安全、核武器揭秘、辐射安全与防护、核安全监管和核安全文化六个方面介绍了相关知识。

全书共分为六章，第一章由张黎明编写，第二、四章由傅晟威编写，第三章由黄桂编写，第五章由庞天照编写，第六章由付小波编写；全书由傅晟威负责统稿；张羽负责艺术设计；陈玉清主审。本书在编写过程中得到了核动力运行研究所仿真中心公宣组的大力支持，在此表示衷心感谢。

由于编者水平有限，书中有不妥之处，恳请读者批评指正。

编者
2021 年 5 月

目录
Contents

认识核能

01

反应堆与核安全

02

核武器揭秘

辐射安全与防护

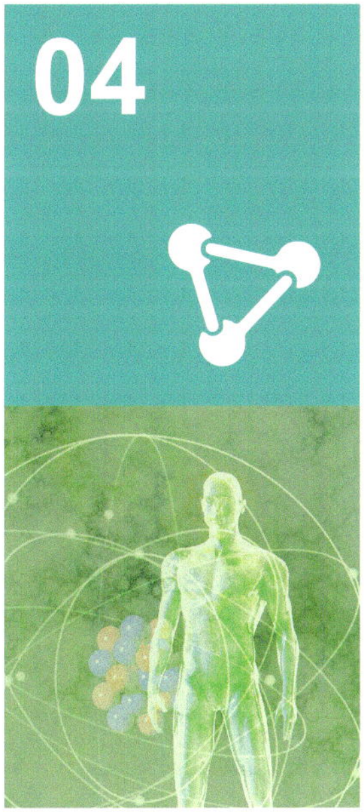

核安全监管

核安全文化

认识核能

01

1. 核与核力
2. 核能来源
3. 裂变应用
4. 聚变设想
5. 核能纪事

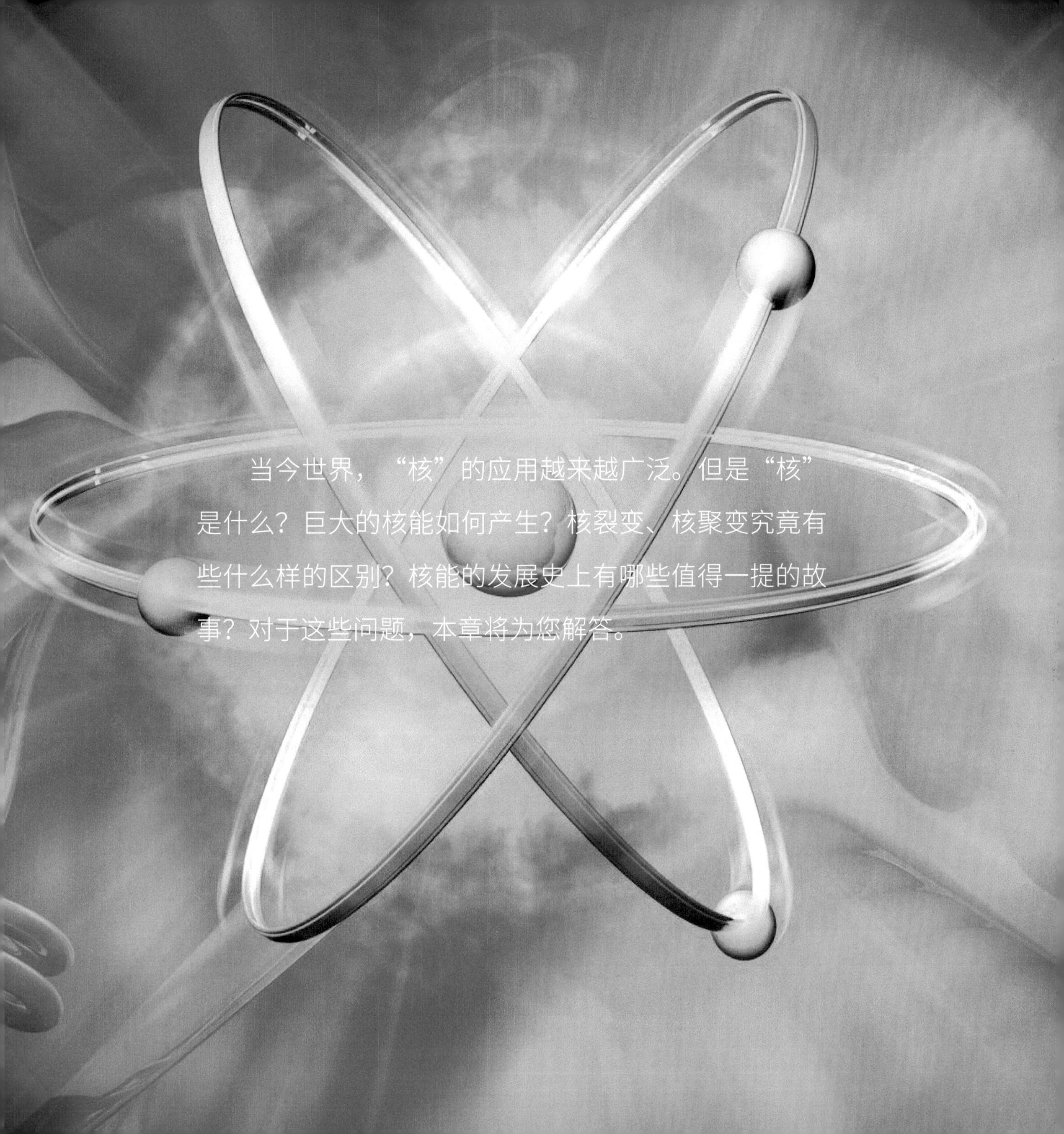

当今世界，“核”的应用越来越广泛。但是“核”是什么？巨大的核能如何产生？核裂变、核聚变究竟有些什么样的区别？核能的发展史上有哪些值得一提的故事？对于这些问题，本章将为您解答。

核与核力
Nuclear and nuclear force

万物的组成——原子

世界上几乎所有的物质，都是由原子构成的。以人体为例，原子组成分子，分子组成有机物及无机物，再层层构成细胞、组织、器官、系统，最终构成完整的人体。

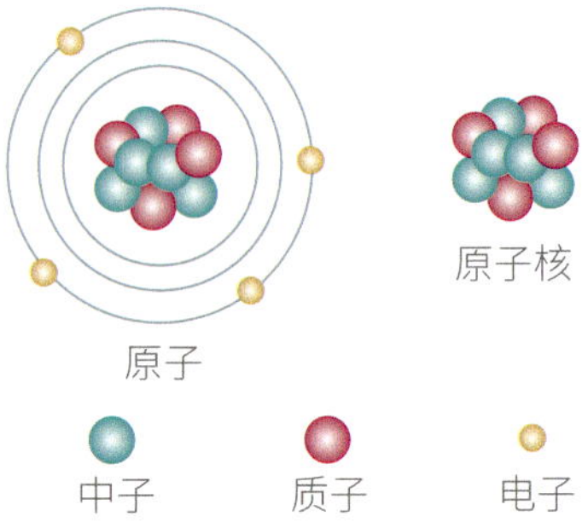

原子结构

原子是由带正电的原子核和带负电的电子构成，电子围绕着原子核运动。而原子核，又是由质子和中子组成的。如果我们把原子比作宫殿，那么原子核就像一颗黄豆一般大，而电子就像针尖一般大。

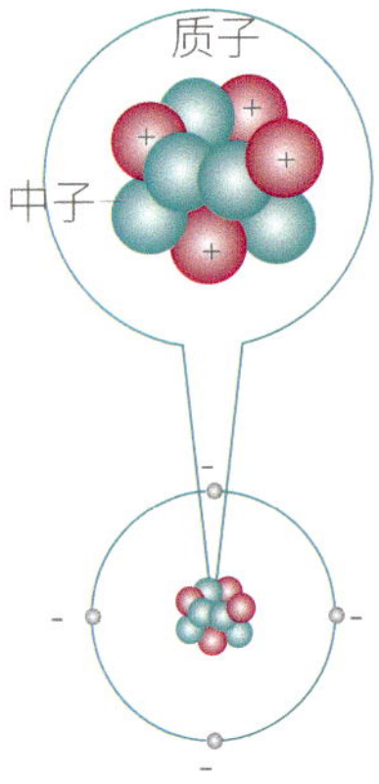

原子核

原子核是原子的核心部分，带正电，是质子和中子的紧密结合体，占有原子质量的绝大部分，但直径不及原子直径的万分之一，只有 10^{-15}~10^{-14} 米。原子核中，质子带正电，而中子不带电。

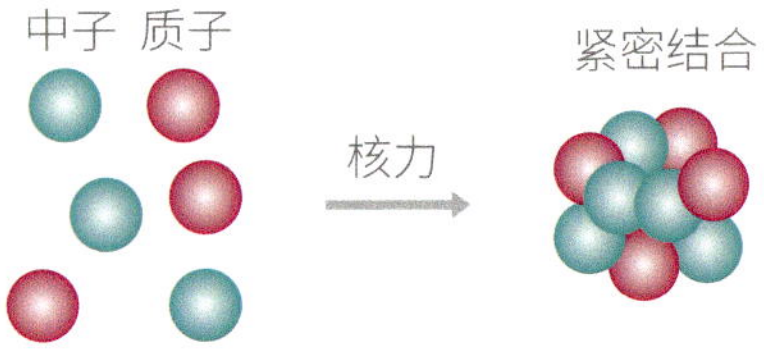

核力

核力是使质子和中子组成原子核的作用力，属于强相互作用力的一类。在原子核中，质子带正电，中子不带电，所以质子之间会互相排斥。要把多个带正电的质子和不带电的中子紧紧固定在原子核范围内，需要依赖它们之间巨大的吸引力，科学家称之为“核力”。核力是短程力，只有在原子核尺度上才显现出来。

核裂变

核裂变，又称核分裂，是指由重的原子核（主要是指铀核或钚核）分裂成两个或多个质量较小的原子，并损失质量、释放能量的一种核反应形式。原子弹或核能发电厂的能量来源就是核裂变。

质量大的原子核（如铀和钚）易发生核裂变。这些原子的原子核在吸收一个中子以后，会分裂成两个或更多个质量较小的原子核，同时放出二个到三个中子，并释放能量。

核聚变

核聚变就是两个轻原子核结合成一个较重原子核并释放出能量的过程，例如氘和氚聚合成氦，这种反应在太阳上已持续了 150 亿年。核聚变反应必须在极高的温度下才能进行，所以又叫热核反应。

核聚变反应燃料是氢的同位素氘、氚及惰性气体 ^{3}He（氦 -3）。氘和氚在地球上蕴藏极其丰富，据测，每升海水中含 30 毫克氘，而 30 毫克氘聚变产生的能量相当于 300 升汽油，这就是说，1 升海水可产生相当于 300 升汽油的能量。由此可见，人们一旦掌握了可控核聚变能，便拥有了取之不尽的清洁燃料，也就解决了人类面临的能源问题。

核裂变图解

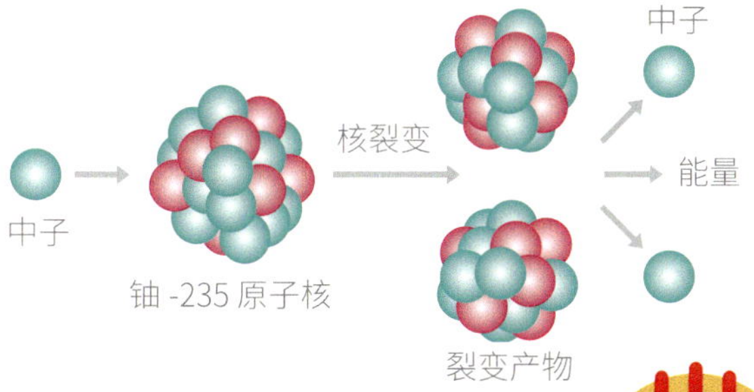

核聚变图解

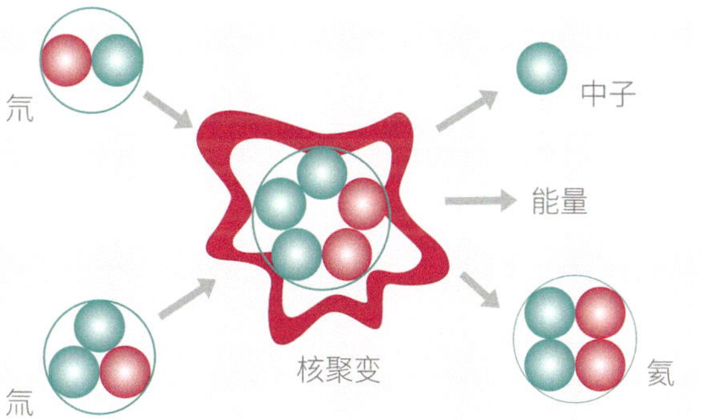

核能来源
Sources of nuclear energy

原子核与其他粒子或者原子核与原子核之间相互作用引起的各种变化叫做核反应，而核裂变反应与核聚变反应，是获得原子能和放射性核素的重要途径。

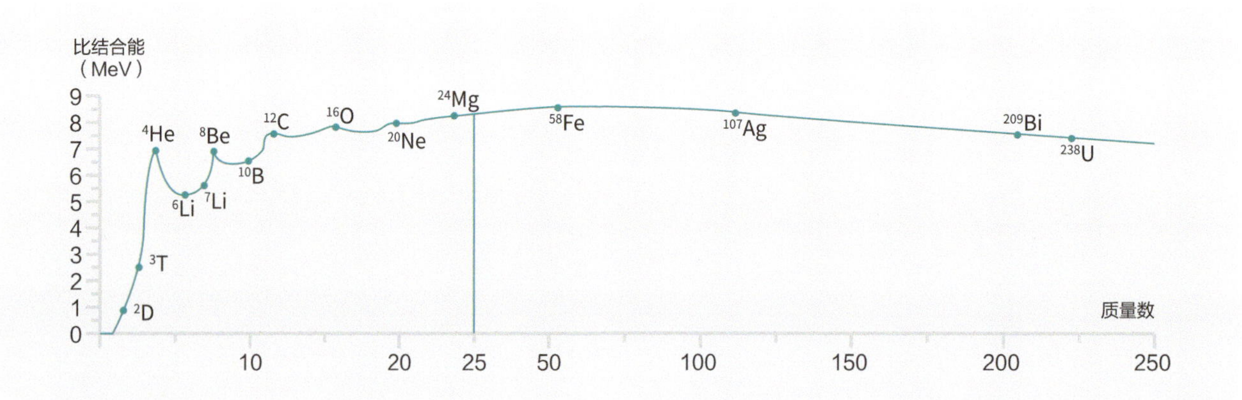

质量与能量的相互转化——质能方程

核裂变和核聚变反应发生时，都会伴随着质量亏损，即两个原子核结合成一个原子核后，或一个原子核分裂成几块后，质量都会比反应前有所减少。

1905 年，爱因斯坦在其著名的相对论中列出了质量和能量相互转换的公式：$E=mc^2$，式中，E 为释放能量（单位：焦耳），m 为亏损质量（单位：千克），c 为光速（在真空中约为 3×10^8 m/s）。

这一公式表明，少量的质量亏损便可获得巨大的能量，获得的能量相当于亏损质量乘以光速的平方。不论是核裂变还是核聚变，发生核反应的同时必然会发生质量亏损，从而释放能量。当然，以核裂变来说，一个单独的铀原子核裂变所放出的能量，是没有什么实用价值的，必须使大量铀原子核发生裂变，才能有巨大的能量释放出来。根据质能方程，1 千克铀如果全部发生裂变，它放出的能量约相当于 2800 吨标准煤完全燃烧后所提供的能量。

爱因斯坦的质能方程正确揭示了核能的来源，是核能研究的理论基础。

裂变应用
Application of nuclear fission

核裂变能的应用十分广泛

在民用领域，我们可用核裂变能进行发电，生产清洁能源；

在军用领域，可用于核武器，还可利用核能为舰船等提供动力。

民用核电站

发电原理

核能发电与火力发电都是利用热能生产电能，但核能发电将火力发电中的锅炉替换成了核反应堆及蒸汽发生器，以核裂变能来替代煤燃烧时释放的化学能。

核电站使用的燃料，一般是铀或钚。一座 100 万千瓦的核电站，每年只需要补充 30 吨左右的核燃料，而同样规模的烧煤电厂，每年要燃烧 300 万吨燃煤。

将核裂变反应释放的能量用于发电，首先需要实现链式裂变反应。以铀 -235 为例，我们用一个中子轰击一个铀-235 原子核，它的原子核会分裂成多个小质量的原子核，然后又释放出一些次级中子，这些速度很快的次级中子会再次轰击旁边完整的铀 -235 原子核，再次释放出次级中子，如此轰击、释放……不断循环下去，形成链式反应，不断损失质量，产生能量。

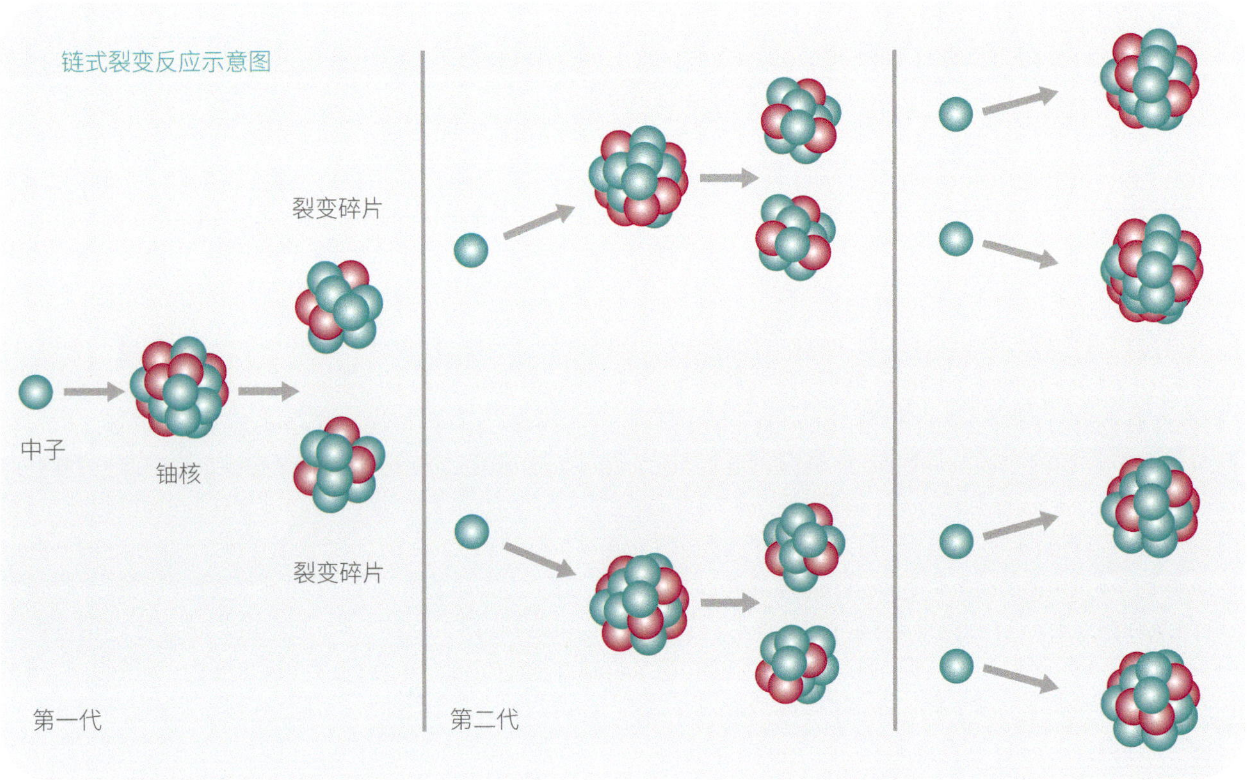

其次，就是要把链式反应产生的巨大能量加以利用，这是冷却设备的任务。为了将反应堆里裂变产生的大量热能带出来，以免反应堆温度过高而烧毁，一般用水或液态金属作冷却剂，同时将热能带出用于发电、供热。以压水堆为例，在反应堆中，冷却水在冷却剂泵的驱动下，从堆芯下部进入，通过堆芯时将热能带出，流出堆芯上部出口时，水温接近 300 摄氏度。这些高温冷却水出堆后即进入蒸汽发生器，而蒸汽发生器内有许多细管，它们将进入的高温冷却水的热量通过热交换传递给管外流动着的第二回路水，产生高温高压蒸汽，经汽水分离器后，高温高压蒸汽就可以驱动汽轮机发电。

然后，必须设置控制系统对链式反应进行有效控制。核物理工程技术人员用镉、硼、铪、钆等材料制成控制棒，控制反应的速率。这些材料具有强烈吸收中子的功能，当控制棒插入堆芯时，由于它大量吸收中子，所以可以控制堆芯中的中子数量，并得以控制链式反应的规模。当需要反应堆功率增加时，可把控制棒拔出一些，使其少吸收一些中子，中子数目就相对增加，链式反应也就加快；反之，当需要反应堆功率降低时，则把控制棒多插入一些，使其多吸收一些中子，从而减慢链式反应。人们就是这样实现了可控原子核裂变。

最后，由于裂变反应过程中会产生一些对人体有害的射线和放射性物质，裂变产物也存在放射性，可能对人体带来损害，必须要有安全防护设施。因此，反应堆会设置多道安全屏障，对放射性物质及各类射线加以屏蔽和包络，保证工作人员和环境的安全。

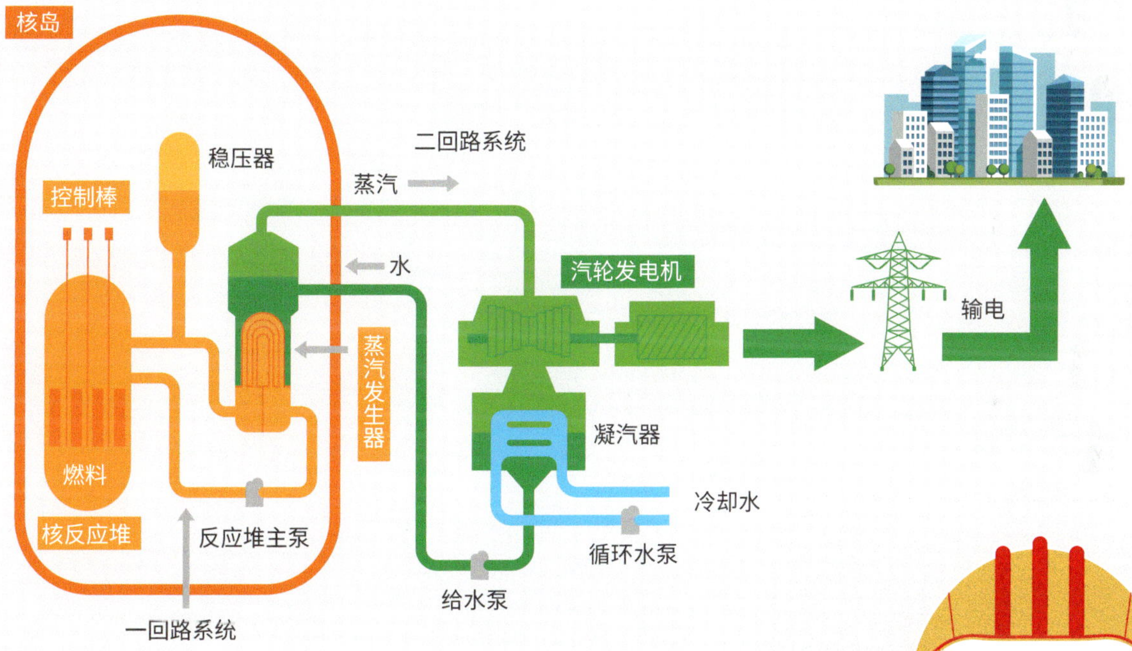

压水堆核电站发电原理图

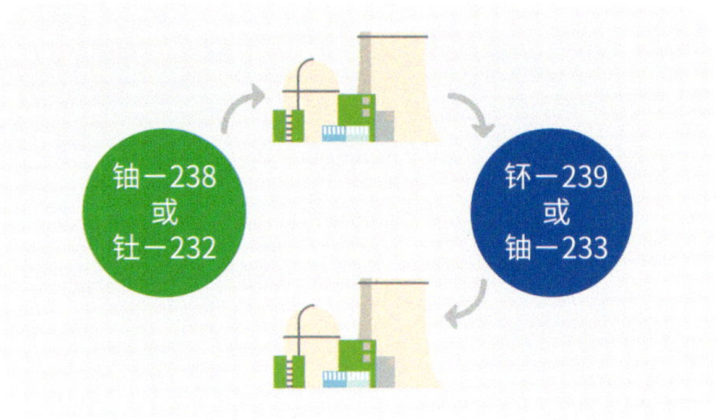

核电站还是一座特殊核燃料生产厂

核燃料在反应堆内进行反应，消耗掉一部分，同时也可将燃料中的铀-238或钍-232转化为钚-239或铀-233等新的易裂变核燃料。这些燃料经回收处理后可重新利用。

发电成本已低于火电

平均到每度电，火电的燃料成本占发电成本的60%~70%，而核电的燃料成本费仅占发电成本的30%~40%。

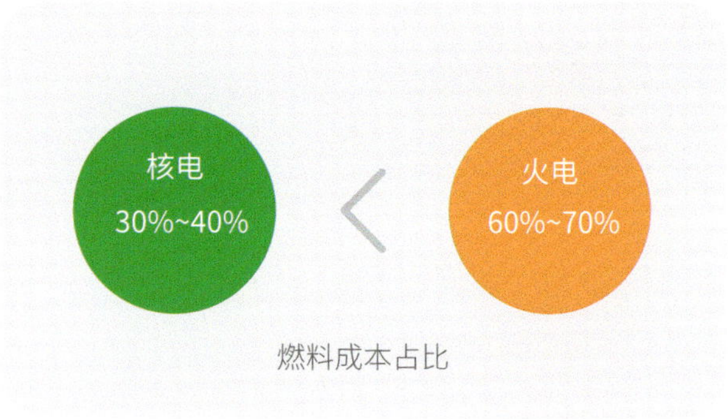

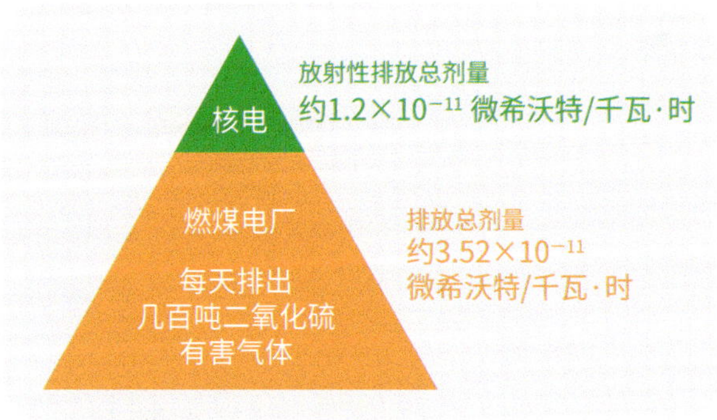

安全可靠的清洁能源

核电站设置了多道可靠屏障来阻隔放射性危害，并建立了全套放射性废物处理设施以及应对可能事故的工程安全设施。从有害物质排放的角度来说，核电排放剂量约 1.2×10^{-11} 微希沃特/千瓦·时，燃煤电厂排放剂量约 3.52×10^{-11} 微希沃特/千瓦·时，同时，燃煤电厂每天还排出几百吨二氧化硫有害气体。

可以看出，核电是安全清洁的能源。

军用（原子弹、核动力舰艇等）

原子弹——原子弹是核武器的一种，它主要利用核裂变释放的巨大能量起杀伤作用。原子弹使用高富集度铀-235 或钚-239 作为燃料，与反应堆一样，依靠的是核裂变的链式反应来产生能量，不同的是，一旦引发链式裂变反应，它就不再对反应加以控制，反应规模不断扩大，最终发生爆炸。

1964 年 10 月 16 日，中国自行研制的第一颗原子弹爆炸成功。 1967 年 6 月 17 日，中国又成功地进行了首次氢弹试验。两弹的成功研制，打破了超级大国的核垄断、核讹诈政策，为我国乃至世界和平作出了巨大贡献。

核动力舰艇——核动力舰艇指的是以核反应堆为主要动力来源的舰艇。由于船用反应堆的生产成本高，加上相关配套设施要求较高，目前采用这种动力来源的大多是军用舰艇。

核动力舰艇具有良好的机动性，使用周期长，可长期不补给燃料，是国家重要的战略力量。

聚变设想
Idea of nuclear fusion

依靠人类目前的技术，可开发的能源资源形势日益严峻，人类开始研究可控核聚变，想要通过某种途径，把氢弹爆炸的过程在核聚变反应堆上加以控制，并源源不断地输出核聚变能。

核聚变能源具有以下得天独厚的优点：

（1）资源丰富，1 升海水里提取出的氘，在完全的核聚变反应中可释放相当于燃烧 300 升汽油的能量。如果实现以氘为燃料的受控核聚变，按地球的储量计算，可供全人类使用 100 亿年。

1 升海水里提取出的氘

在完全的核聚变反应中

可释放相当于燃烧 300 升汽油的能量

按地球的储量计算

如果实现以氘为燃料的受控核聚变

可供全人类使用 100 亿年

（2）核聚变能是相对清洁和环境友好的能源，核聚变电站不产生化石燃料电站所释放的温室气体，没有裂变产物。且燃烧等离子体一旦形成，任何运行故障都能使等离子体迅速冷却，从而使聚变反应在短时间内自动停止，这意味着核聚变反应堆本身具有内在的安全性。

（3）核聚变反应所产生的大量高能中子在各领域都有广泛的用途。

为实现可控核聚变进行的具体尝试：

（1）托卡马克装置（TOKAMAK）

实现可控核聚变已有不少方法。最早的著名方法是“托卡马克”型磁场约束法，TOKAMAK，是由俄语中的“环形”“真空”“磁”“线圈”的字头组成的缩写。早在 1954 年，在苏联库尔恰托夫原子能研究所就建成了世界上第一个托卡马克装置。它利用强大电流所产生的强大磁场，把等离子体约束在很小范围内，以实现可控聚变条件。虽然该装置在实验室条件下已接近成功，但想要达到工业上的应用，还有很长的路要走。

（2）国际热核聚变实验堆（ITER）计划

“国际热核聚变实验堆（ITER）计划”是目前全球规模最大、影响最深远的国际科研合作项目之一。ITER 装置是一个能产生大规模核聚变反应的超导托卡马克。该计划将集成当今国际上受控磁约束核聚变的主要科学和技术成果，首次建造可实现大规模聚变反应的聚变实验堆，研究解决大量技术难题，是人类受控核聚变研究走向实用的关键一步。

（3）EAST

EAST 位于中国合肥，目前为止，是超托卡马克反应体部分唯一能给 ITER 提供实验数据的装置，从某种意义上来说，它是相当于 ITER 主反应体大约 1/4 的一个原型实验装置。EAST 是人类为实现稳定的受控聚变迈出的重要一步，也是工程化的重要标志。

核聚变能是人类寻找到的解决能源问题的最重要途径之一，研究核聚变、开发核聚变能具有极其重大的科学意义和战略意义，是人类现阶段极力追寻的梦想。

核能纪事

Nuclear memorabilia

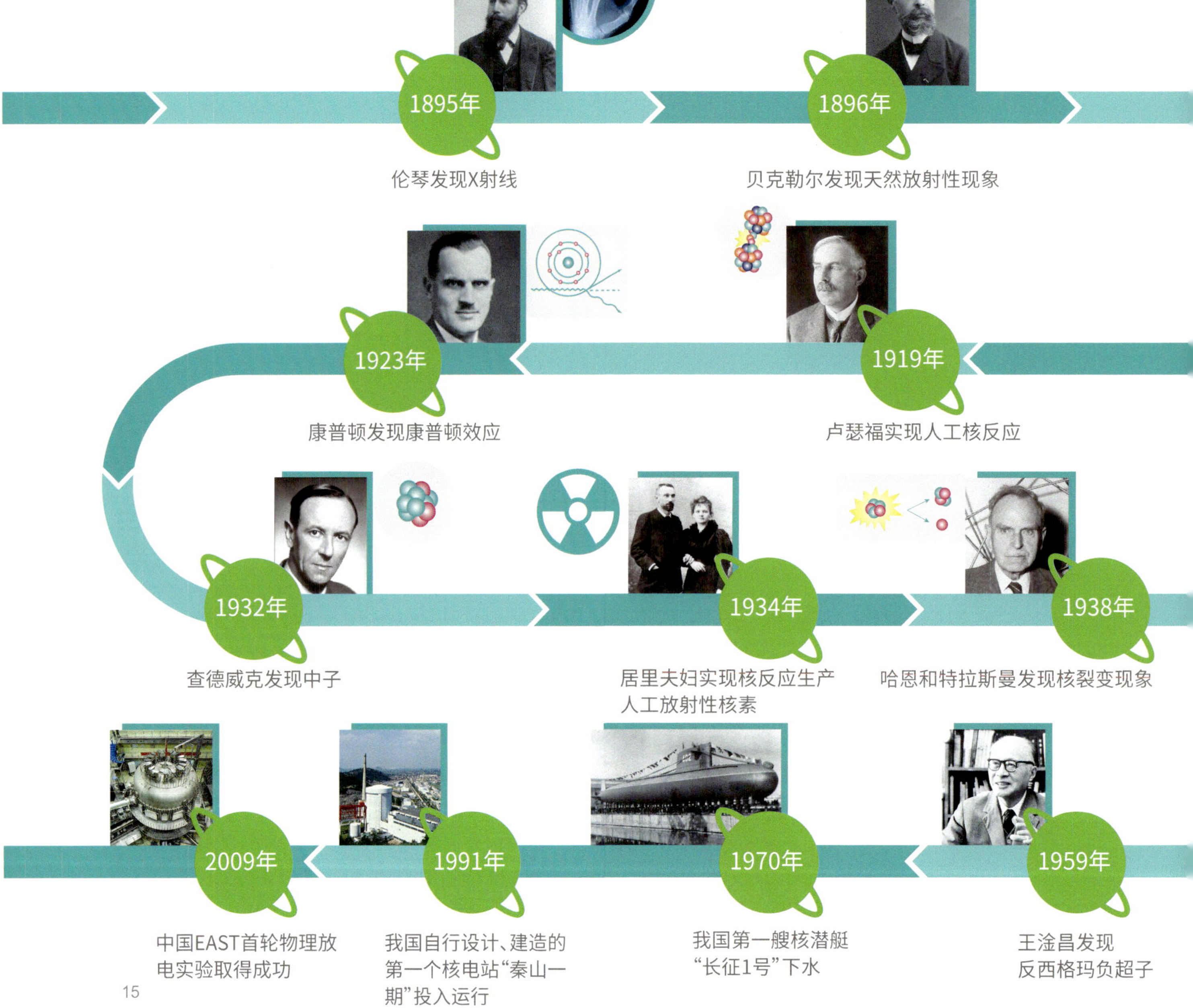

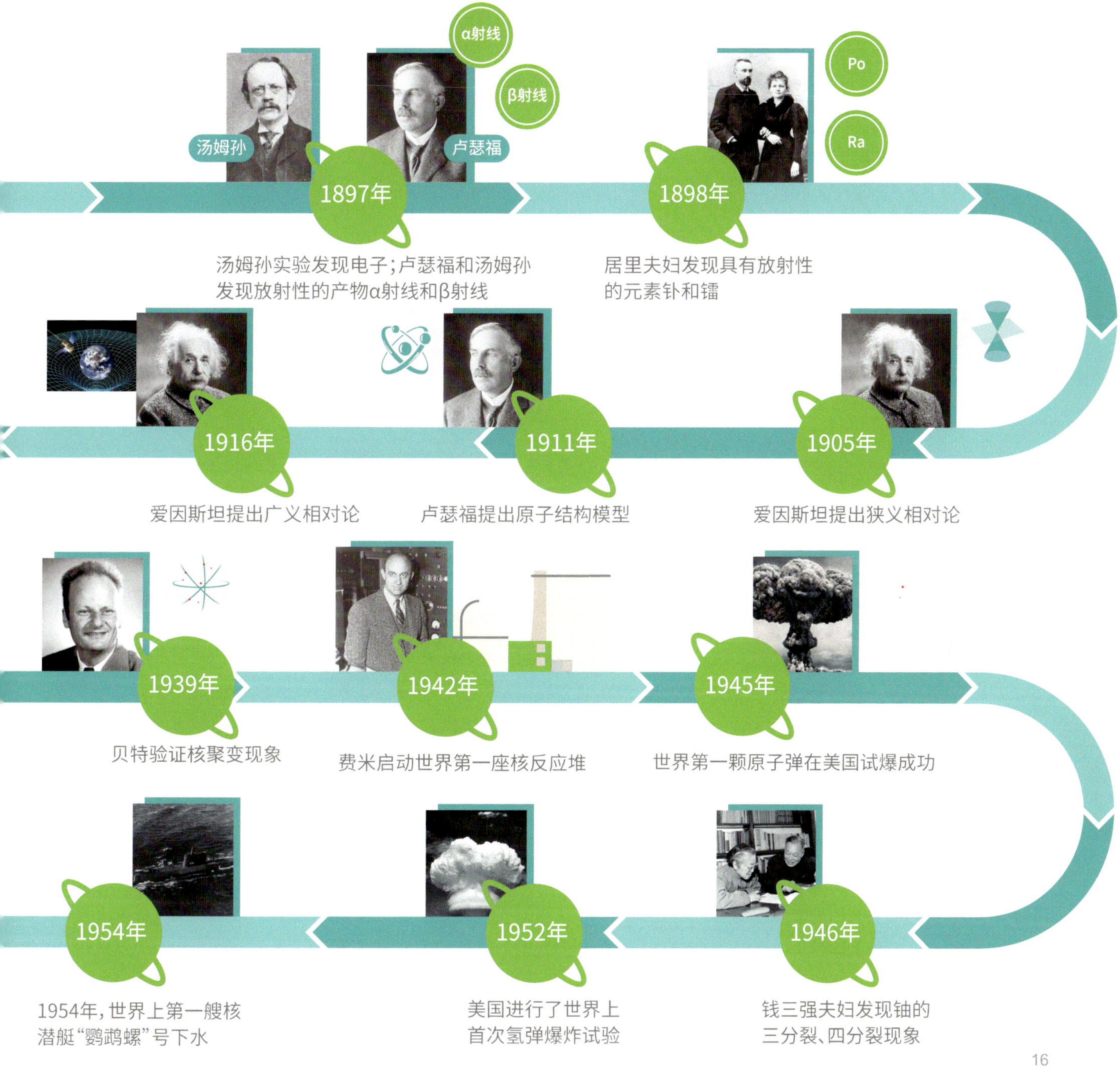
α射线
β射线
汤姆孙
卢瑟福
1897年
汤姆孙实验发现电子；卢瑟福和汤姆孙发现放射性的产物α射线和β射线
Po
Ra
1898年
居里夫妇发现具有放射性的元素钋和镭
1905年
爱因斯坦提出狭义相对论
1911年
卢瑟福提出原子结构模型
1916年
爱因斯坦提出广义相对论
1939年
贝特验证核聚变现象
1942年
费米启动世界第一座核反应堆
1945年
世界第一颗原子弹在美国试爆成功
1946年
钱三强夫妇发现铀的三分裂、四分裂现象
1952年
美国进行了世界上首次氢弹爆炸试验
1954年
1954年，世界上第一艘核潜艇“鹦鹉螺”号下水

反应堆与核安全 02

1. 反应堆不会核爆
2. 电站堆与船用堆
3. 反应堆废物处理

反应堆是核反应发生的场所，是一种维持可控核反应，以实现核能利用的装置。现在我们常说的反应堆，通常是指裂变堆。那么反应堆安全吗？会像原子弹那样发生核爆炸吗？核电站的反应堆与船用反应堆有何不同？本章将与您一同探索。

反应堆不会核爆

There will be no nuclear explosion at the reactor

第二次世界大战中，美国向日本的广岛和长崎投下了两颗原子弹，两座城市瞬间化为废墟，从此以后，对核爆炸的恐惧在世界人民的心中延续至今。那么，核电站反应堆会不会出现核爆炸呢？我们的答案是——反应堆不可能发生核爆炸。

反应堆中核燃料的富集度较低

核电站反应堆中装载的燃料，通常为天然铀或低浓铀，铀-235 富集度较低，只有 2% ～ 5%。而原子弹中装载的武器级燃料，铀-235 或钚-239 的富集度可达到 90% 以上。这样的差别相当于啤酒与酒精。众所周知，啤酒中的酒精浓度太低，无法点燃，但酒精可以轻易被点燃。

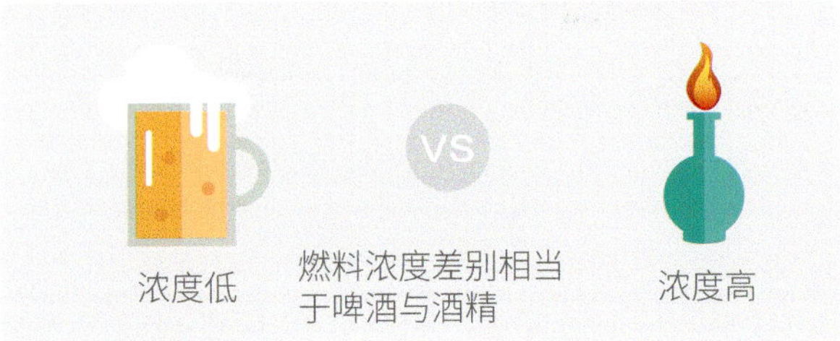

反应堆的链式裂变反应可控

原子弹是不可控的链式裂变反应装置。为了让原子弹得以在短时间内释放巨大能量，将之设计成一触即发的模式，一旦开始就无法中止。而核反应堆是一种可控的自持链式反应装置，为了使堆内的核反应平稳地发生，反应堆内采用可靠的控制棒来控制中子的数量，使得每一代轰击铀核的中子数都与上一代轰击铀核的中子数相等，而且，通过完善的控制系统，人们还可人为控制反应堆的启动和停堆，因此不可能发生原子弹那样的核爆炸。

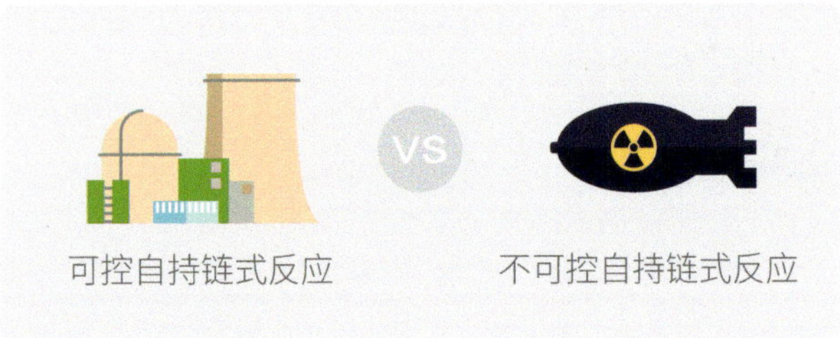

控制棒是什么

核物理工程技术人员用镉、硼、铪、钆等材料制成控制棒，当控制棒插入堆芯时，由于它大量吸收中子，所以可以控制堆芯中的中子数量，并得以控制链式反应的规模。

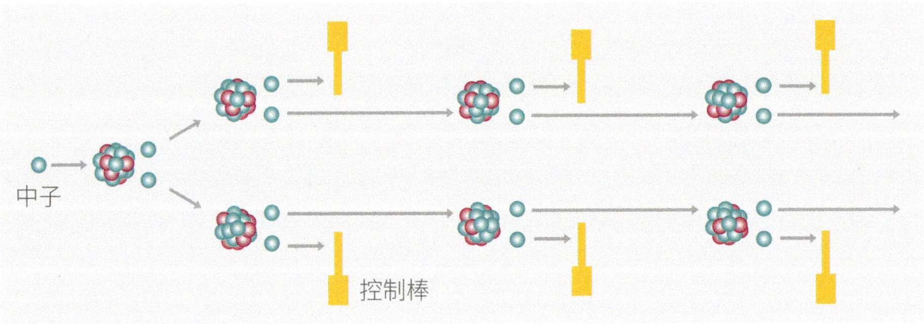

电站堆与船用堆

Nuclear power plant reactor and Marine reactor

压水堆是核反应堆堆型的一种，全称“加压水慢化冷却反应堆”，以加压的、未发生沸腾的轻水作为慢化剂和冷却剂。与其他反应堆类型相比，压水堆堆芯结构紧凑、体积小、功率密度高，且安全性好，相关技术水平比较成熟。压水堆不仅适用于核电站反应堆，也能更好地适应舰艇对核动力装置的特殊要求，所以，船用动力堆以及大部分核电反应堆都采用压水堆提供动力。

1. 发电原理与动力原理相同与不同之处

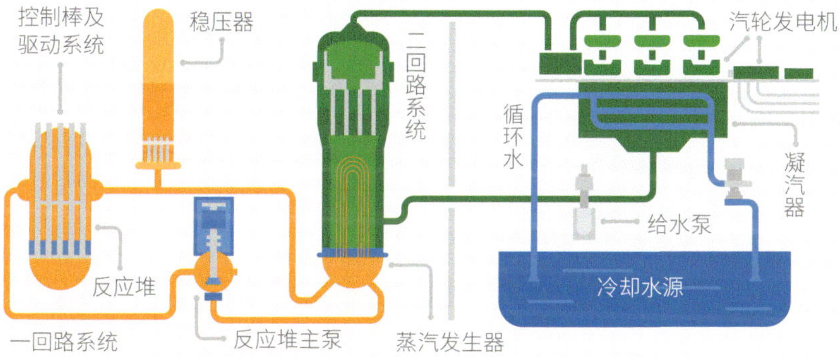

压水堆核电站工作原理图

输出电能

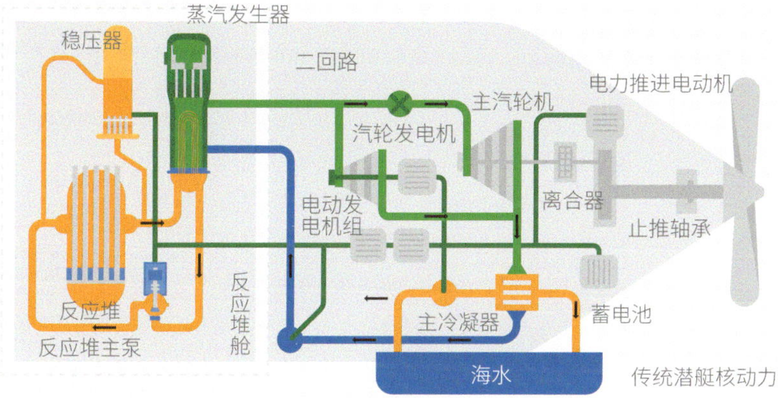

传统潜艇核动力装置组成图

输出机械能和电能

2. 运行环境与安全系统区别

（1）船用核动力装置运行受海洋环境条件影响

服役海区地理位置、季节、潜艇航行深度的影响。

此方面的影响最终可以解释为海水温度对船用核动力装置运行的影响，这与陆基核电站有着相似之处。所不同的是，由于任务使命的要求，舰船在其服役周期中需要经常改变所在海域，由此带来海水温度的快速变化，在这样的情况下，需要对动力装置的运行状态进行及时的调整，必要时甚至需要重新对相关设备进行校准或置换，对核动力装置运行方案进行调整，否则就有可能出现安全相关问题，这类问题在苏联海军核潜艇的运行历史中有过多次记载。因此，针对不同海域、季节海洋温度条件对船用核动力装置运行安全的影响，要进行相关的计算分析，制定有效的措施和对策。

舰船在海洋中运动状态的影响。

作为武器运载平台，舰船的运动状态与其作战任务相关，同时也受到海况条件的制约。不同运动状态的需求不可避免会对核动力装置的运行状态产生重大影响。当舰船做紧急加速、减速，回旋规避等运动，或者受海浪影响产生倾斜、摇摆等姿态时，装置内部工质的运动状态将会发生变化，这对工质的动量平衡、容器的液位以及部分测量保护机构的动作等将产生一定的影响。当然，在一回路内冷却剂完全是强迫流动条件下，这种影响具有较大的局限性，但对于自然循环反应堆来说，在其自然循环工况下船体发生上述状态变化时，将直接影响自然循环工况的稳定性，进一步对一些非能动安全设施的正常投入产生不利作用。

（2）船用核动力装置的设计和布置受舱室结构空间大小限制

由于船体空间和需求功率的限制，船用核动力装置在进行系统设备的设计时，采取小堆型、小流量的设计思路，反应堆堆芯体积小，冷却剂泵由于体积限制而流量小，反应性控制系统相对简单，因此相对核电站具有功率密度小而功率不均匀系数大的特点，由反应性控制系统异常引起的堆芯功率分布畸变的可能性较大。受堆芯体积的限制，堆芯中冷却剂总装量大大小于电站堆，堆舱高度的限制又使船用核动力装置冷热源位差小，当发生冷却剂管道破口事故时，由于冷却剂丧失导致的堆芯暴露的几率大大增大，因此在事故条件下，船用核动力装置的堆芯安全性问题比核电站要严重。

由于舱室空间的局限性，一回路系统设备、管道的尺寸大小相对核电站要小得多，一回路冷却剂系统水容积与核电站相比大为减少。

在核电站，由于系统设备的布置不受场地大小的限制，在设计中设置了齐全高效的安全相关系统及设施，自动化程度高，尤其是在第三代核动力系统（先进压水堆）设计中，把非能动安全系统作为标准性技术之一。能够保证在无操作人员行动以及在不依靠站内、外交流电源的条件下维持长期的（大于 72 小时）事故缓解，而操作人员的干预措施则应严格按照事故处理规程的步骤执行。而在船用核动力装置中，这些安全系统的设置极大地受到了舱体空间的限制，只能部分实现，自动化程度有限。当发生事故后，船用核动力装置的处置措施极大程度上依赖操纵人员的判断和干预，其处置过程是在事故处理规程指导下由操纵人员依据基于实际情况的判断进行。

电站堆与船用堆的功率大小只相差数十倍
但空间大小却相差数百倍

由于系统设备的布置不受场地大小的限制，安全性相对较高

由于船体空间的限制，专设安全设施布置受限，在事故条件下安全性相对较低

（3）船用核动力装置运行受负荷快速机动变化的影响

与陆基核电站相比，船用核动力装置运行最主要的特点之一就是运行工况变化的机动性。航速变化的需求必然需要反应堆功率输出的变化，尤其在训练和战时条件下，反应堆功率的输出必须满足负荷快速大幅度反复变化的需求；

而停泊和航行两种状态的交替也带来了反应堆反复启动和停止的使用特点。

这些运行特点对安全特性的影响主要体现在以下两个方面:

•快速机动时，负荷大幅度变化会导致核动力装置相关系统运行状态的改变，无论是一回路系统还是二回路系统，其设备和工质的物理状态将随着负荷的变化而变化，调节系统更是担负了繁重的调节任务。根据设计要求，功率变化过程中，状态参数的剧烈波动应该限制在允许的范围之内，以保证核动力系统的安全。但是，在这过程中如果相关控制系统故障或失效，则有可能导致安全问题。

•从力学分析方面，无论是频繁的负荷变动还是启停堆，对于核动力装置设备管路的安全都有着负面影响。系统内部工质的热力学性质随着核动力装置运行工况的改变而不断改变，其宏观表现为工质的压力和温度的变化，由于不同的舰艇航速需求，需要进行频繁的升降负荷，由此带来的系统压力和温度是交替变化的，相当于在系统设备和管路承压表面施加了一个交变载荷以及由于温度场变化产生的交变热应力，长期积累必将影响结构材料的强度，从而导致事故的发生。

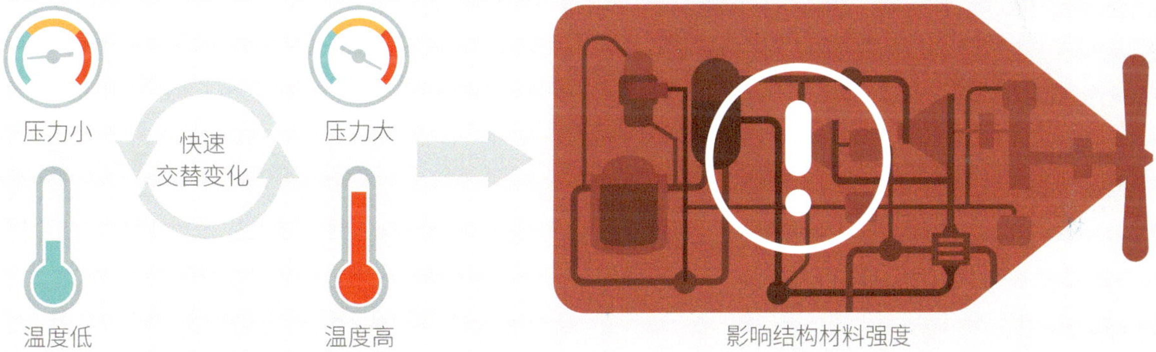

（4）船用核动力装置的安全与操纵员行为密切相关

从安全性和经济性角度考虑，核电站运行状态一般为带基本负荷运行，即在额定满负荷工况下长期运行，且核电站控制自动化程度高，因此在核电站正常运行过程中操纵员对核动力装置运行过程的操纵干预行为较少，即使是事故工况下，事故后 15~30 分钟内一般也不需要或不允许人员干预。

而船用核动力装置无论是正常运行瞬变还是事故工况，其反应堆的安全更依赖于操纵员的积极干预。

3. 正常运行对环境及人类的影响

核设施的运行对环境的影响，往往是大众关心的话题。实际上，核设施在正常运行过程中，会设置多道实体屏障，以防止放射性物质的外泄。

在压水堆核电站中，这些屏障通常包括：

第一道安全屏障：核燃料包壳

第二道安全屏障：反应堆冷却剂系统压力边界（核反应堆压力容器及冷却水输送回路）

第三道安全屏障：安全壳

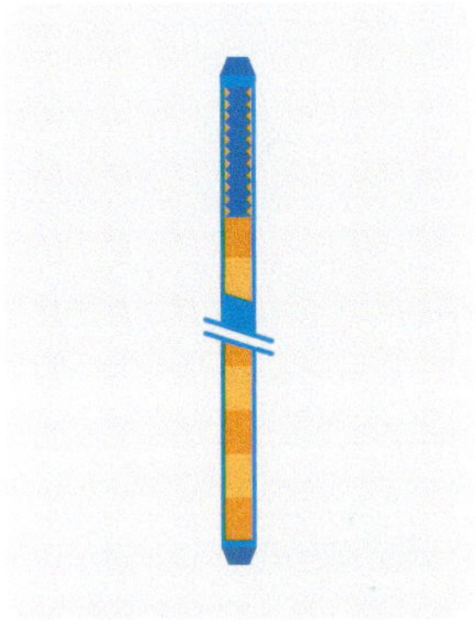

第一道屏障：核燃料包壳

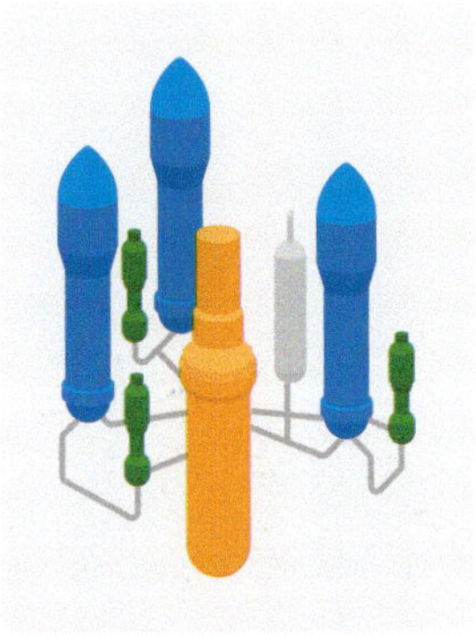

第二道屏障：压力边界

第三道屏障：安全壳

在核动力舰船上，也有三道安全屏障，它们通常包括：

第一道安全屏障：核燃料包壳

第二道安全屏障：反应堆冷却剂系统压力边界（核反应堆压力容器及冷却水输送回路）

第三道安全屏障：核反应堆堆舱

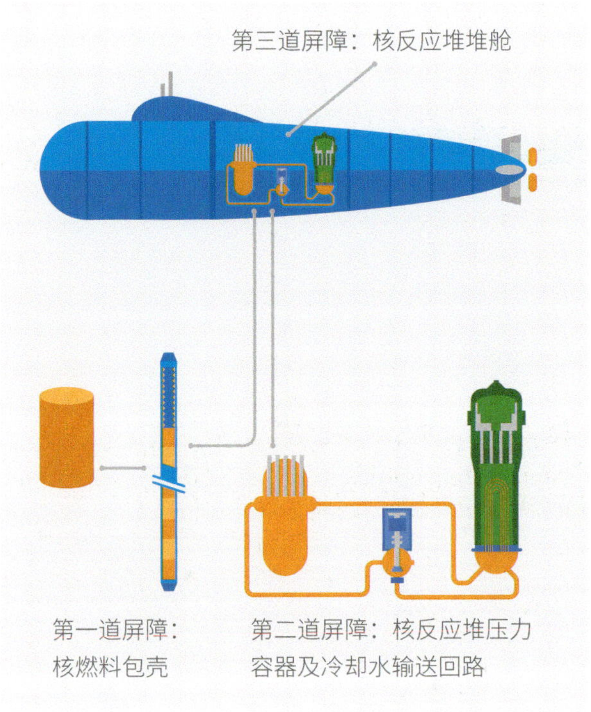

核设施的设计，必须保证每一道实体屏障的有效性，确保其能够为反应堆提供保护，从而更好地保障核安全。有了多道屏障的保护，反应堆在正常运行状态下对环境几乎无影响，在该环境下，工作人员一年的累积剂量最高也就相当于一到两次腹部 CT 检查。

4. 核电站事故对环境及人类的影响

由于人因或超设计基准等问题，在历史上曾发生过几起核电站事故，下面介绍核电站事故有可能给环境带来什么样的影响。

三哩岛核事故对环境的影响:

牛奶	基本未查出放射性碘
河水	在下游两个不同的地点采样，未发现任何放射性碘
空气	125个样品中只有8个有微量的放射性碘
土壤	在147个样品中，未发现放射性碘
植物	3公里范围内171个样品中，未发现放射性碘
居民剂量	电厂周围80公里内居民所受剂量平均个人约为0.01毫希沃特，为天然本底的1%

福岛核事故对环境的影响（2013.3-2014.3）：

分类	检查数	超过基准	超过比例
糙米	10 290 032	71	0.0007%
蔬菜、水果	7271	7	0.10%
畜产品	6895	0	0.00%
栽培蘑菇、野生蘑菇、野菜	1180	90	7.6%
水产品	6916	879	12.7%

切尔诺贝利核事故对环境及人类的影响:

切尔诺贝利核事故发生后，30 名操纵人员和消防人员在三个月内和随后一段时间死亡；

在抢救核反应堆的工人中，有 62 人直接死于核辐射；

参与清理的 134 人被确诊患了急性辐射综合征；

核事故发生后，苏联疏散了 11 万多人，随后数年，又从污染严重地区搬迁了 23 万人，前后共疏散 34 万余人。

5. 核潜艇核事故

定义：核潜艇核事故是由于核动力装置因故失控或放射性物质失控所造成的放射性物质外泄或异常照射。

(1) 风险特征

(2) 核潜艇核事故特点

核潜艇核事故不仅具有一般核事故的特点，还因为核潜艇长期远洋活动，具有特殊性：

首先，事故诱因多。核潜艇是移动的小型核电站，但活动环境相对于核电站来说却恶劣得多，引发核事故的外因也较多（如碰撞、触礁、颠簸、振动以及遭受攻击等）。

其次，救援难度大。核潜艇在海上发生核事故地点不确定，难以设置固定的就近应急保护设施，主要靠自救脱险，对艇员排除故障能力要求极高。

最后，危害相对小。核潜艇核动力装置由于功率小、远离公众，核事故对公众和环境的危害相对较小。但是影响面大，一旦在公海上发生核泄漏，会造成不利的政治和军事影响。

(3) 核事故的四种类型

▶ 反应堆冷却剂丧失事故（冷却剂泄漏），也称失水事故；

是指反应堆主冷却剂系统压力边界产生破口或发生管道破裂，一部分或全部冷却剂泄漏的事故。由于堆芯冷却系统遭到破坏，核燃料元件冷却条件恶化，元件温度迅猛上升，可能使堆芯烧熔，从而造成放射性释放的严重后果。失水事故是船用核动力装置中发生概率较高、后果较为严重的事故之一。根据目前公开的资料，世界上核潜艇压水反应堆发生失水事故至少 10 起。

苏联 K-19 号核潜艇，1961 年 6 月 4 日因一回路承压管路破裂，引发失水事故，22 名艇员受过量辐射而死亡。

事故原因：管道焊接质量差，技术检测和验收不严格等质量原因；早期设计缺少专设安全设施（如：安全注射系统）。

▶ 反应堆欠冷事故（冷却剂供量不足）；

是指核反应堆循环冷却系统发生故障，使得堆芯冷却能力不足造成的事故。如冷却剂泵因动力电源故障或机械故障被迫停转，使冷却剂流量下降，冷却剂流量与堆功率失配，导致堆芯燃料包壳温度迅速上升，放射性物质释放风险增大。前苏联 K-27 号核潜艇（金属堆型），1968 年 5 月 29 日因液态金属冷却剂与二次侧泄漏水反应产生氧化物和熔渣，堵塞了一回路主要流道，造成大量放射性气体在艇内扩散，9 名艇员受过量辐射而死亡。

事故原因：当时金属堆型的设计与相关制造工艺均不成熟，金属冷却剂对一回路压力边界有较强腐蚀作用，存在较大安全隐患。

▶ 反应性引入事故（反应堆功率意外飙升）

反应性引入事故是指向堆内突然引入一个意外的反应性，导致反应堆功率急剧上升而发生的事故。核潜艇的反应性引入事故虽然不像切尔诺贝利核电站核事故那样给人们带来那么大的核灾难，但它对周围环境和工作的人们带来的严重后果仍是不容忽视的。到目前为止，公开的核潜艇反应堆反应性引入事故约有 9 起，且全部发生在苏联。

苏联 K-431 号核潜艇，1985 年 8 月 10 日维修换料期间在码头擅自开盖清除异物，引发了反应堆超临界，随后由于功率暴走导致“蒸汽爆炸”，造成作业队的 11 人死亡。

事故原因：严重违反操作规定，缺少相关核活动的质量保证和安全监督。

▶ 辐射事故

主要是由于设计缺陷或误操等原因，造成放射性物质（或放射线）污染环境或危害人员。如放射源遗失、放射性物质暴露在公众环境中等，事故后果可能造成环境污染和人员超剂量伤害等。

核潜艇核事故类型统计表 （截止到 2019 年）

		美国	苏联/俄罗斯	英国	法国	合计
反应堆失水事故	一回路系统泄漏	6	13	2		21
	蒸汽发生器传热管破损泄漏	3	3	1		7
反应堆欠冷事故			1	1		2
反应性引入事故			7			7
辐射事故	反应堆屏蔽缺陷	1				1
	核武器放射性泄漏		1			1
	放射性物质遗撒	1	1	1		3
核武器丢失		1	2			3
其他(异物进入反应堆、火灾、不明原因等)		2	8	2		12
合计		14	36	7	0	57

（4）核潜艇核事故的启示

核潜艇核事故主要发生在 20 世纪 60-80 年代的冷战时期，美苏双方大量建造核潜艇，对于新技术的风险把控和安全管理均不够严格。但另一方面也为后来者提供了很多有益的经验和启示。

1. 加强核安全监督管理
2. 加强核潜艇技术研究、提高核潜艇设计质量
3. 建立健全质量保证体系
4. 大力提高人员素质、提高责任心
5. 提高部队的训练技术水平和应急处置能力至关重要

反应堆废物处理

Nuclear waste and its disposal

乏燃料处理

“乏燃料”指的是使用过的核燃料，通常是由反应堆产生的。经过乏燃料后处理，可从中提取铀、钚等可用产物。

乏燃料湿法贮存

乏燃料干法贮存

放射性废物处理

核电站、核潜艇等核设施在其运行过程中，由于存在裂变产物及活化腐蚀产物等，会产生一些带有放射性的废物。为保护环境免受污染、防止工作人员和公众受到过量的放射性辐照，在排出或再利用这些放射性废物之前，需要采用必要的工艺对它们进行处理，经监测符合有关标准后再进行排放或回收再利用。

核设施产生的放射性废物可分为：气体、液体和固体废物。这些废物统称为核三废。

1. 废气的分类与处理

按照废气的化学性质，将废气分为两类：一类是含氢废气，另一类是含氧废气。

含氢废气是指那些由卸压箱、容控箱、冷却剂排水箱等排出的气体。这些气体都含有氢气和裂变气体。这些废气将被送往废气处理系统的含氢废气分系统，经压缩贮存和放射性衰变后排往大气。

含氧废气是指那些来自反应堆厂房通风系统和通大气的各种水贮存箱的排气。这种废气是被轻度污染的空气。含氧废气将被送往废气处理系统的含氧废气分离系统，经过滤后直接排往大气。

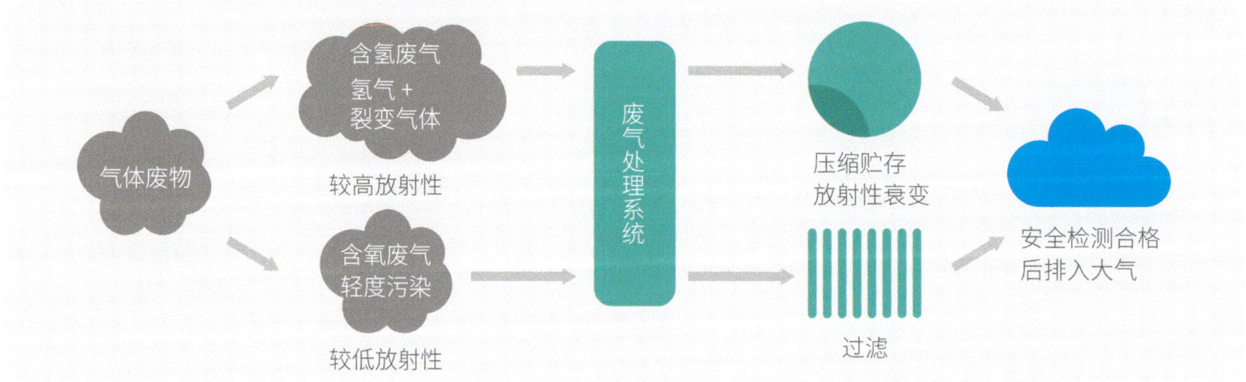

2. 废液的分类与处理

废液按其不同来源和化学性质，分为可复用废液和不可复用废液。

可复用的废液是指从一回路排出的未被空气污染的，含氢和裂变产物的反应堆冷却剂。这部分废液经处理后可供一回路重新使用。

不可复用的废液种类较多，包含从一回路排出的已暴露在空气中的废液、来自地面的低放射性废液和淋浴、洗涤产生的废液等。这些废液所含放射性有强弱之分。放射性较弱的废液，处理合格后可排放至环境中；对于放射性较高的废液，则将其转化成固态，放入废物库贮存。

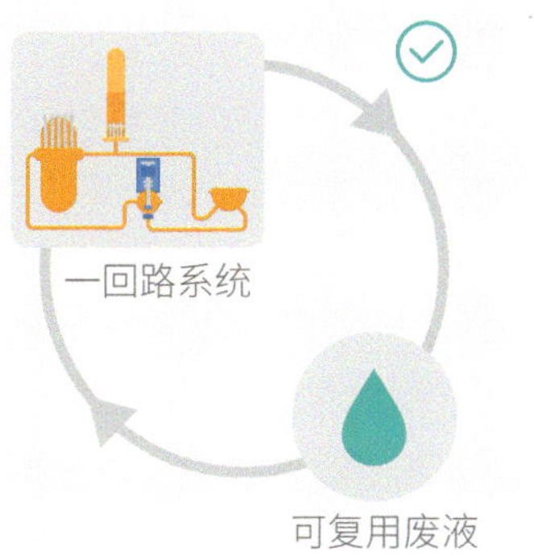

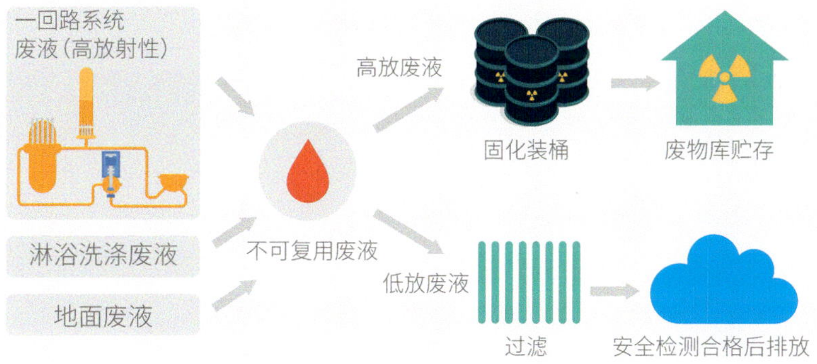

3. 固体废物的分类与处理

固体废物包括：固化后的除盐器废树脂、蒸发器中的浓缩残渣、过滤器的失效滤芯、被污染的零部件和工具以及在现场使用过的纸张、抹布、衣服、手套和塑料制品等。

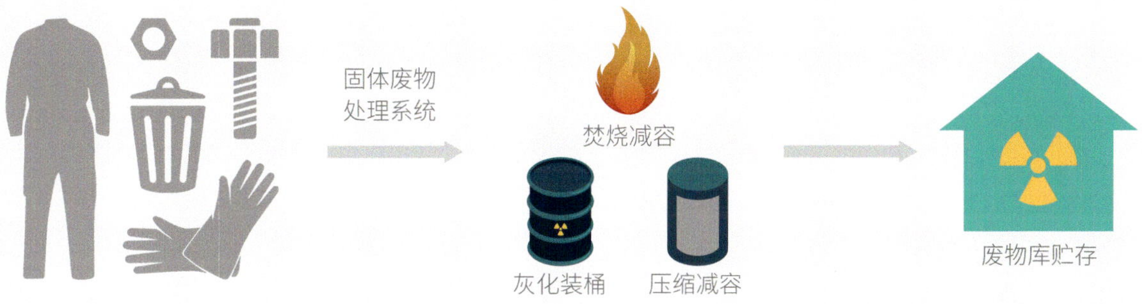

核武器揭秘

03

1. 核武器的威力
2. 核武器的效应
3. 核武器的分类
4. 核武器的管理

核武器自其问世以来，就具有极大的神秘感。核武器到底是怎么产生那么大的破坏力？核武器有哪些种类？核武器如何安全地贮存维护？本篇章将为你揭开核武器的神秘面纱，解答你对于核武器的种种疑问。

核武器的威力

The power of nuclear weapons

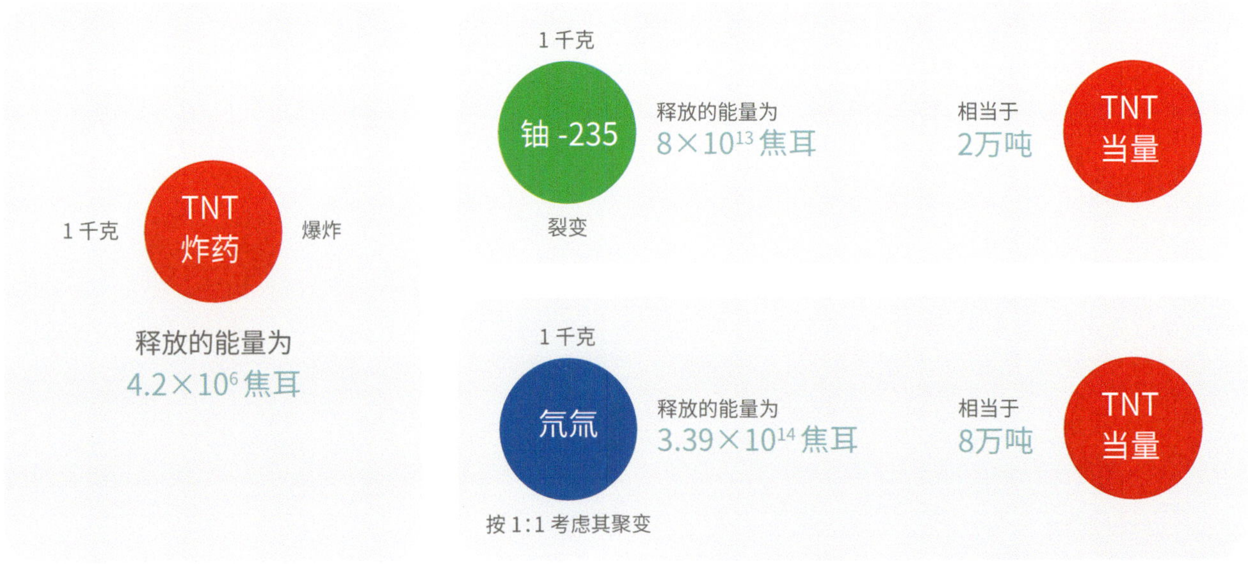

要想知道核武器有多大的威力，首先得知道什么是TNT 当量。TNT 是常用的高能炸药，TNT 当量不是重量，而是计量炸药威力的基准，是用释放相同能量的 TNT 炸药的质量表示核爆炸能量的一种习惯计量，通常用千吨TNT 当量（kt TNT）作为计量单位。举个例子来说，美国投向长崎的代号为“胖子”的原子弹，TNT 当量约为 2 万吨，也就是说，其爆炸时放出的能量，相当于 2 万吨 TNT炸药爆炸所放出的能量。

核武器利用核裂变或核聚变产生巨大威力，而常规武器中通常采用化学炸药。比起释放化学能的常规炮弹或炸弹，核武器释放的能量要大得多！

核武器的效应

Effect of nuclear weapons

核武器的破坏力巨大，主要造成五种杀伤破坏效应。下面对这五种效应进行简要介绍。

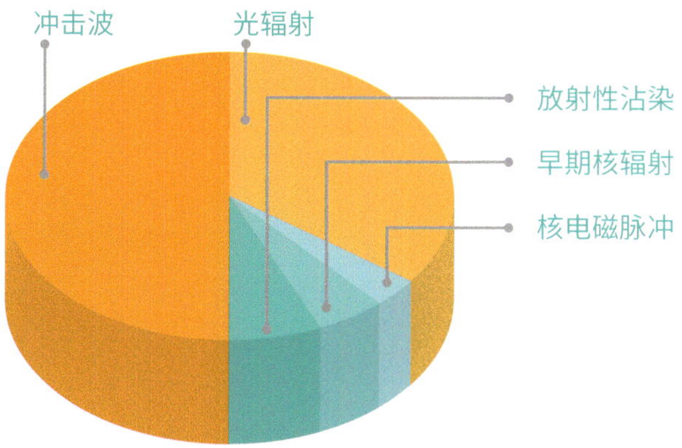

核爆炸是通过冲击波、光辐射、早期核辐射、核电磁脉冲和放射性沾染等效应对人体和物体起杀伤和破坏作用的。前四者都只在爆炸后几十秒钟的短时间起作用，后者能持续几十天甚至更长时间。在大气层核爆炸情况下，裂变武器的爆炸能量中，冲击波约占 50%，光辐射约占 35%，早期核辐射约占 5%，放射性沾染约占 10%，核电磁脉冲仅占 0.1% 左右；对于主要为聚变反应的核武器，放射性沾染所占的比例则少得多。

1. 核武器的瞬时杀伤破坏效应

（1）冲击波效应

核爆炸的冲击波是核武器的主要杀伤因素，它所带走的能量约占核爆炸总能量的一半，因此，在军事上衡量核爆炸的杀伤破坏效果，通常以冲击波的杀伤破坏半径为标准。

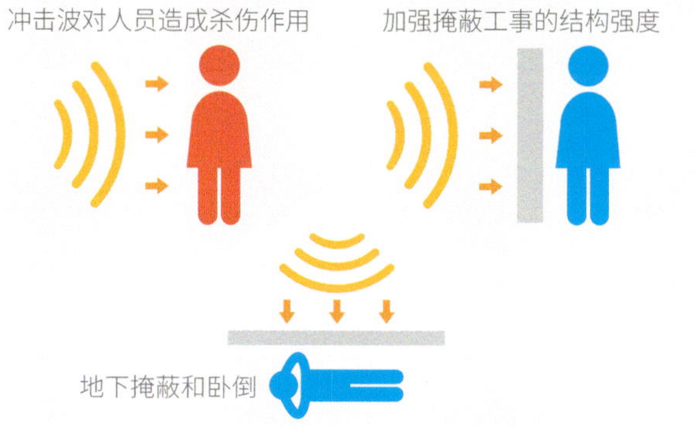

（2）光辐射效应

在火球整个发光过程中，不断发射由紫外、可见光和红外波段组成的辐射能流，构成了核爆炸的重要杀伤破坏效应——光辐射。

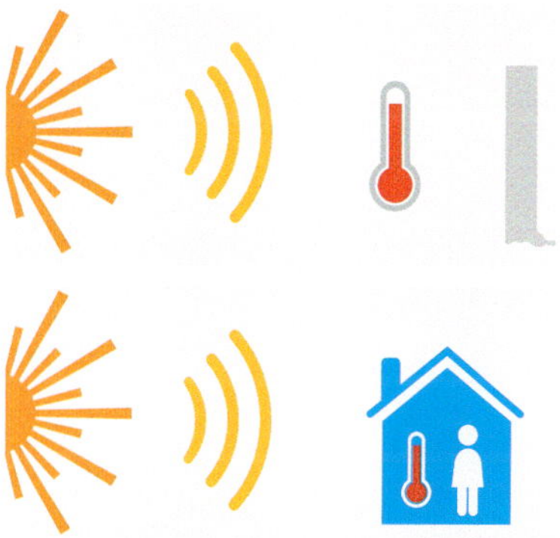

光能转变为热能，可使钢板融化。

利用任何物体进行遮蔽，免受光辐射直接照射。

（3）早期核辐射

早期核辐射是指在核爆炸后十几秒内放出的中子和 γ 射线。早期核辐射是核武器特有的杀伤破坏因素。

早期核辐射对人员的伤害程度取决于人员受照时的吸收剂量，并与受照射者的健康状况有关。急性放射病区分为轻度、中度、重度和极重度四级。

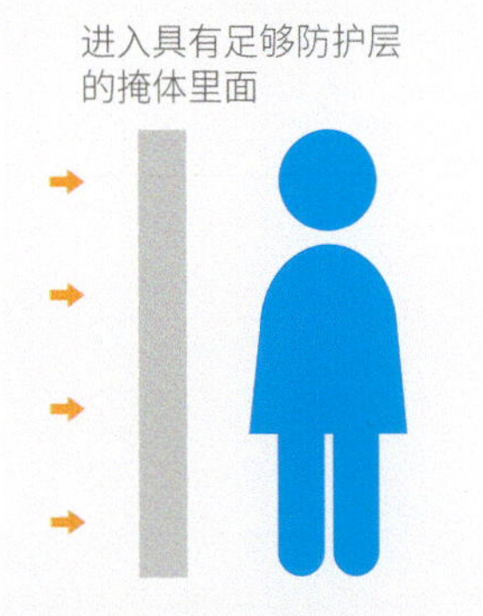

在核战争条件下，了解、确定人员实际的受照剂量，对于判断指战员是否受到核辐射损伤，及时判定人员所受剂量，使受照人员能得到及时的治疗具有重要意义。

（4）核电磁脉冲

核电磁脉冲是指，核爆炸释放出的 γ 射线和 X 射线与其作用范围内的介质相互作用产生的瞬时电磁场。

核电磁脉冲对电气电子系统的损害归纳起来可以分为两种受损类型：永久性损坏和瞬时工作干扰。

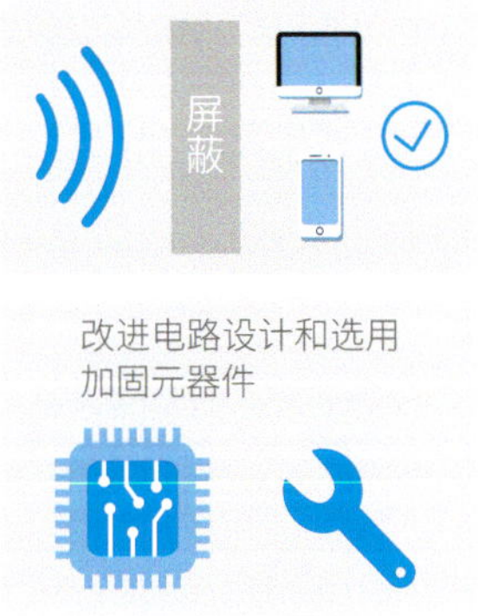

2. 持久杀伤因素——放射性沾染

放射性沾染是指，核爆炸的裂变产物、剩余核装料和感生放射性物质等对环境的污染。与早期核辐射区分，又称为剩余核辐射。

放射性沾染的主要来源有三种：

（1）核爆炸产生的裂变产物；

（2）爆区土壤和其他物体在爆炸瞬间释放出来的中子作用下产生的放射性同位素；

（3）未裂变的核武器装料。

放射性沾染对人员的伤害有三种方式：

（1）体外照射。人员在沾染区活动或者接近严重沾染的物体时，受到放射性物质放出的射线作用于人体而引起损伤。

（2）皮肤 β 射线灼伤。人员在沾染地面上活动时，放射性尘土或落下灰沉积于体表或皮肤，受到 β 射线的直接作用所造成的皮肤辐射损伤。

（3）体内照射。人员在沾染环境中活动时，吸入了沾染的空气，饮食了沾染的食物和水，都能使放射性物质侵入人体内部，在体内发出射线造成损伤。

放射性沾染对人员的伤害与瞬时杀伤因素的不同点：

（1）放射性物质的放射性无法改变和消灭。物理、化学方法无法改变放射性核素原子核的性质。

（2）放射性沾染的持续时间长。核爆炸所造成的放射性沾染，虽然随着时间的推移而逐渐减弱，但在较长时间内不会消失。

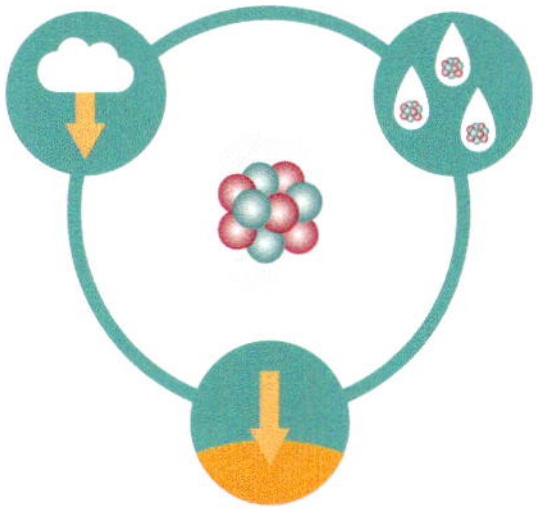

放射性微粒在随风漂移中，因重力、大气下沉运动和降水等原因，通常会降落在爆点附近和下风方向的广大地区。

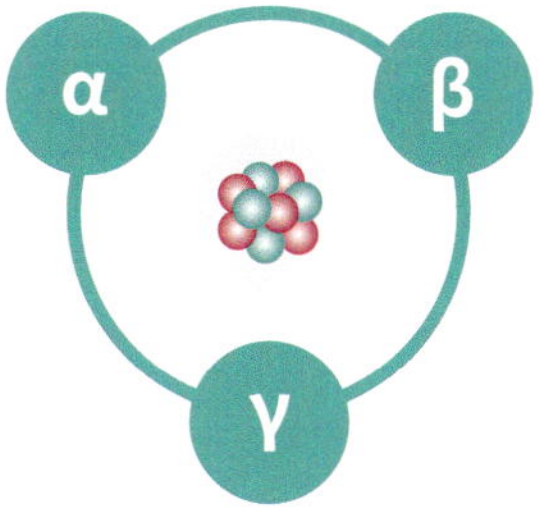

微粒中放射性核素的半衰期由几分之一秒到几百万年不等，在衰变过程中放射出 α、β 和 γ 射线。

放射性沾染会给人员带来长期的辐射伤害，在这个过程中，辐射强度也是随时间变化的。地面辐射水平，是指距离地面 0.7~1 m 高度处的 γ 剂量率，单位为 Gy/h。国军标规定地面受到沾染，地面辐射水平达到 2 cGy/h 时为沾染区边界，超过 2 cGy/h 的地区为沾染区。万吨 TNT 当量的核武器地面爆炸，爆后 1 h 内沾染区范围可达上百公里。

地面放射性沾染的强度随时间不断地减弱。地爆爆区和云迹区剂量率的衰减，一般服从“六倍规律”，即爆后时间每增加 6 倍，剂量率下降到原来的 1/10，由此可以估算放射性沾染的持续时间。

核爆炸的长期生物效应分成两方面：

一是放射性沉降的长寿命放射性核素造成的潜在威胁，另一方面是人员受照射的吸收剂量达到一定大小后所产生的远期效应和遗传效应。

放射性沉降的毒性大，寿命长的核素主要有：

铯 -137

半衰期为 20.5 年。通过呼吸、食入进入身体后均匀分布全身，超过一定吸收剂量后会损害肝脏。

锶 -90

半衰期为 27.7 年，是亲骨性核素，进入身体后沉积于骨髓，超过一定吸收剂量后，损伤骨髓，可能造成多种疾病。

核装料钚-239

半衰期 2.4 万年，除了具有放射性外还是化学剧毒物质。

这些放射性核素诱发疾病的潜伏期都比较长，对沾染地区的生物都将构成威胁。

人员受放射性照射后的远期效应是指数月或数年以至终身所发生的慢性效应，此外还可能有恶性肿瘤发病率高，生育能力下降、寿命缩短等现象。

核武器的分类

Classification of nuclear weapons

在国军标中对核武器的定义是利用重原子核裂变或(和)轻原子核的自持聚变反应，瞬时释放巨大能量而产生爆炸，对目标实施大规模杀伤破坏作用的武器。核武器一般可依据结构原理、投射平台和作战目的进行分类。

1. 按结构原理分

核武器可划分为原子弹、氢弹、特殊性能核武器，以及还在研究的第四代核武器。

原子弹：是利用铀或钚等易裂变重原子核的自持链式裂变反应，在瞬间释放出巨大能量的核武器。

氢弹：是主要利用氘、氚等轻原子核的自持聚变反应瞬间放出巨大能量的核武器。

特殊性能核武器：特殊性能核武器是将核武器的杀伤破坏效应根据作战需要加以增强或减弱。

第四代核武器：第四代核武器是指以用效力很强的超高能量密度物质触发核聚变而制成的核爆炸装置。

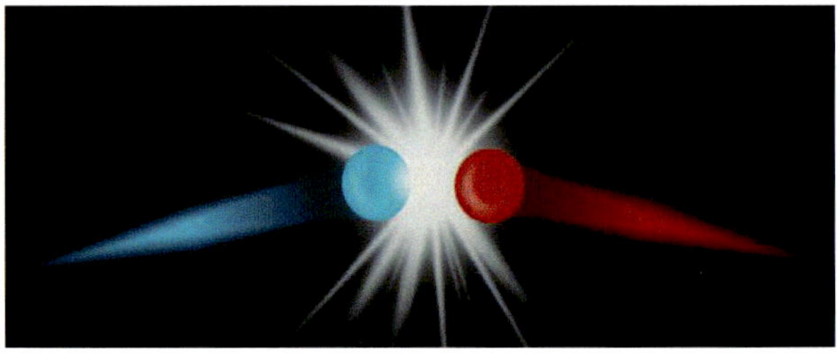

2. 按投射平台分

核武器可划分为海基核武器（如美国的“三叉戟”、俄罗斯的“布拉瓦”、中国的“巨浪”）、陆基核武器（美国的“民兵”、俄罗斯的“白杨”、中国的“东风”）和空基核武器（如美国的 B61、法国的 ASMP）。

3. 按作战目的分

核武器可以划分为战略核武器和战术核武器。战略核武器是指用于攻击战略目标的核武器，其主要攻击目标包括敌方的军事基地、交通枢纽、工业基地，以及政治、经济、军事中心等，是核武器中射程较远、威力较大的那一种类型。

核武器的管理

Nuclear weapons management

1. 核武器周围的辐射水平

核武器周围剂量与核材料的性质密切相关，主要包括铀、钚和氚。

核武器所用的铀材料化学性质活泼，在空气中易氧化。特别是在高温、高湿的环境下，氧化更加严重。铀既是放射性毒物，又是化学毒物。铀的同位素半衰期都较长，释放的 γ 射线和中子强度有限，外照射影响比较小。

钚材料化学性质极活泼，在空气中能迅速氧化甚至燃烧。钚的辐射强度高于铀材料，同时钚是极毒核素，进入人体后，积累在骨髓里，能引起骨瘤，破坏造血系统，摄入少量的钚就能致人死亡，所以钚的操作要严格防护，一般应在手套箱内进行。

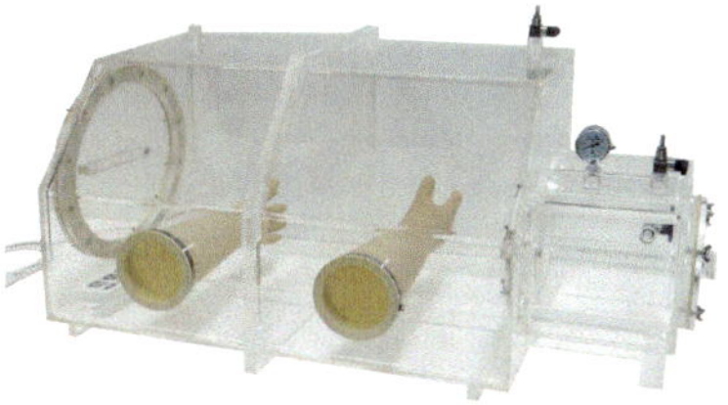

手套箱

氚（^{3}H）是氢的放射性同位素，其发射出的 β 射线能量低，对人体造成外照射危害较小。但氚易通过食入、吸入和皮肤渗透进入人体，对人体造成内照射危害。

核武器内部的核材料质量较小，放射性核素的半衰期较长，同时核材料被包裹在内部，核武器周围的辐射并不强。对于国外典型的核武器，人员正常工作天承受的辐射剂量不超过 100 μSv。从事涉核工作人员的个人年剂量限制为 20 mSv，考虑人员进行涉核操作时对射线的防护，正常情况下不会超过剂量限值。

2. 核武器的事故类型

核武器核事故，是指核武器部（组）件在作战使用过程中因意外造成人员、装备、环境放射性污染事件或事故的总称。在核武器管理使用过程中，可能出现下列类型的核武器核事故。

（1）核部件损坏造成放射性污染事故

因意外引起核部（组）件破损或泄漏等，造成环境污染，人员受到超剂量限值照射及化学毒性损害。造成放射性污染的主要原因是核部件的损坏造成放射性物质向环境中释放，致使人员受到辐射危害、环境遭受污染。

（2）核武器化学爆炸事故

因跌落、冲击、电击、火烧或恐怖袭击等意外引起高能炸药发生化学爆炸，炸药爆炸一方面会对现场人员造成严重的冲击伤害，另一方面炸药爆炸冲击波作用于核材料，

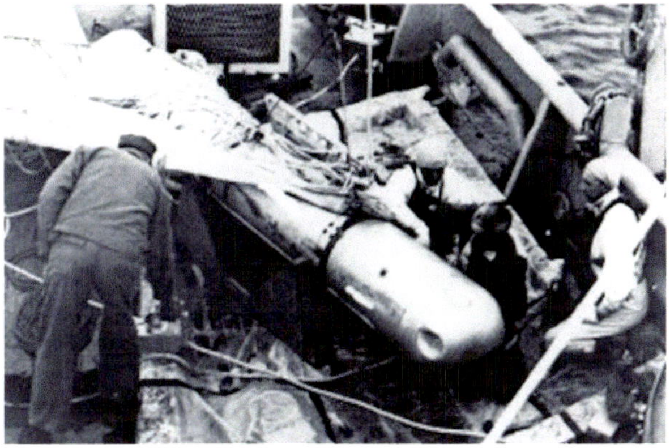

美国“西班牙断箭事件”中打捞的核弹头

瞬间产生大量放射性粉尘和气溶胶，造成严重的放射性环境污染和人员伤亡。

（3）核临界事故

因核材料在意外情况下质量、体积、形状等改变而发生核临界，核临界情况下部分核材料发生链式裂变反应，释放一定量的核能，对现场造成杀伤破坏，同时大量裂变材料和裂变反应的产物释放到环境中，造成严重的环境污染或人员伤亡。

（4）核爆炸事故

核弹头意外发生核爆炸，释放大量的核能，产生光辐射、冲击波、早期核辐射、放射性沾染等杀伤破坏效应，造成极其严重的环境污染和人员伤亡。核爆炸事故是核武器核事故中最严重的事故。

3. 核武器的安全设计

核武器发生事故后果极其严重，因此，安全性是核武器最重要、最严格的一项技术性能。

（1）增强核爆安全装置

设计增强核爆安全装置是为了防止遇到异常环境的核武器过早解保。设计强链开关，要求它们做到被异常环境激活的概率小到可以接受的程度。根据小于百万分之一几率的安全要求规定，在解保组件里需要安装两个独立的强链开关。为了解除武器的保险，两个强链开关中，有一个靠操作人员输入特殊编码来接通，另一个靠与相应飞行弹道吻合的环境输入来接通。为了提高核武器指挥与控制的可靠性，防止非授权使用核武器，美国还采用了将增强核爆安全装置与密码锁结合起来的更先进的技术设计。

（2）钝感高能炸药

核弹头里含有放射性材料，并与高能炸药相配合，引发高能炸药爆轰的事故或事件会导致周围地区的放射性污染。钝感高能炸药是为防止核武器意外核爆而研制的新型炸药。

与早期采用的高爆速、大能量炸药相比，该种炸药具有独特的钝感性，在火烧、碰撞、跌落或枪击等情况下发生爆炸的概率很低，有利于实现化爆安全。只要初级高能炸药球不起爆，就不会发生核爆炸，也不会发生钚的污染。这是目前增强核武器技术安全最有效的技术措施之一。

（3）耐火弹芯

耐火弹芯就是为了防止钚在高温下汽化散落造成大面积污染而采取的安全措施。基本设计思想是在初级钚球外设计包覆一层耐高温、抗钚腐蚀的材料，使钚芯能够承受大约1000 °C 的高温，并保证在几个小时内不会受到破坏，即使其中钚球熔化，也不会因其侵蚀作用而破裂，这样就防止了钚的污染。美国核武库约 10% 的核弹头采用了耐火弹芯。

钝感高能炸药和耐火弹芯是核武器最关键的两项安全特征装置，也是在设计时需要进行全当量核试验的装置，这对已签署《禁止核试验条约》的国家来说构成了技术挑战。

（4）一点安全

一点安全是一种核弹头的内在设计安全。即通过理论设计保证在发生事故时，初级高能炸药在一点起爆（实际上是局部起爆）时产生核当量大于 4 磅 TNT 当量的机率不会超过百万分之一，并无需其他安全措施。一般认为发生多点起爆的事故可能性较小。

（5）机械安全装置

为防止事故情况下初级高能炸药部件爆炸后（特别是多点起爆）产生较大的或值得重视的核当量，美国采用了这类机械安全装置，主要是破坏聚合爆轰或冲击波的对称性或球面性。

（6）分离部件设计

分离部件设计是在核武器解除保险前，使核部件（如钚球）和炸药部件分开一定距离，或在二者之间设置屏障，从而使炸药球爆炸也不会引起核爆炸，也不会造成钚的汽化、飞散而形成大范围污染。

国外核武器使用经验及理论计算表明，由于核武器采用了钝感炸药、多重保险等防止意外核爆炸技术，以及保守的核临界设计控制、严格的技术安全管理措施，发生意外核爆炸与核临界的概率极低。但由于人为失误、设备失效及其他客观因素的影响，存在发生化爆和放射性污染事故的可能性。

正是由于核武器事故类型的多样性和后果的严重性，必须在深入研究事故规律的前提下，坚持“预防为主，安全第一，稳妥可靠，万无一失”，确保核弹头贮存、运输、作战使用等活动中的绝对安全。

4. 核武器安全管理措施

有核国家高度重视核武器的安全控制，并采取了多种周密的防范措施，提高固有安全性，防止发生意外核事故，确保核武器始终处于安全状态。采取的管理措施主要包括:

（1）核安控措施

由国家最高指挥当局掌握核武器的使用决策权。这是防止核武器的非授权使用和意外发射的根本保证。

核密码箱

采用分级管理，各负其责的管理制度。各层机构都严格按照命令行使各自的职权，对确认的命令决不允许有错误的解释，对任何未经许可的命令也不允许有错误的反应。为了防止未经授权使用核武器，应采取一系列安全控制措施，包括组织措施、程序措施和技术措施。

（2）核安保措施

核武器应专设安全警戒，它是防敌袭击和侦察的警卫措施，是保持战略核威慑力量安全的重要保障内容之一。其目的是及时发现敌侦察、破坏、突然袭击，保护核武器及其附属核设施。警戒通常分为地面警戒、对空警戒以及对海上警戒。

辐射安全与防护

04

1. 辐射来源

2. 辐射分类

3. 辐射影响

4. 辐射防护

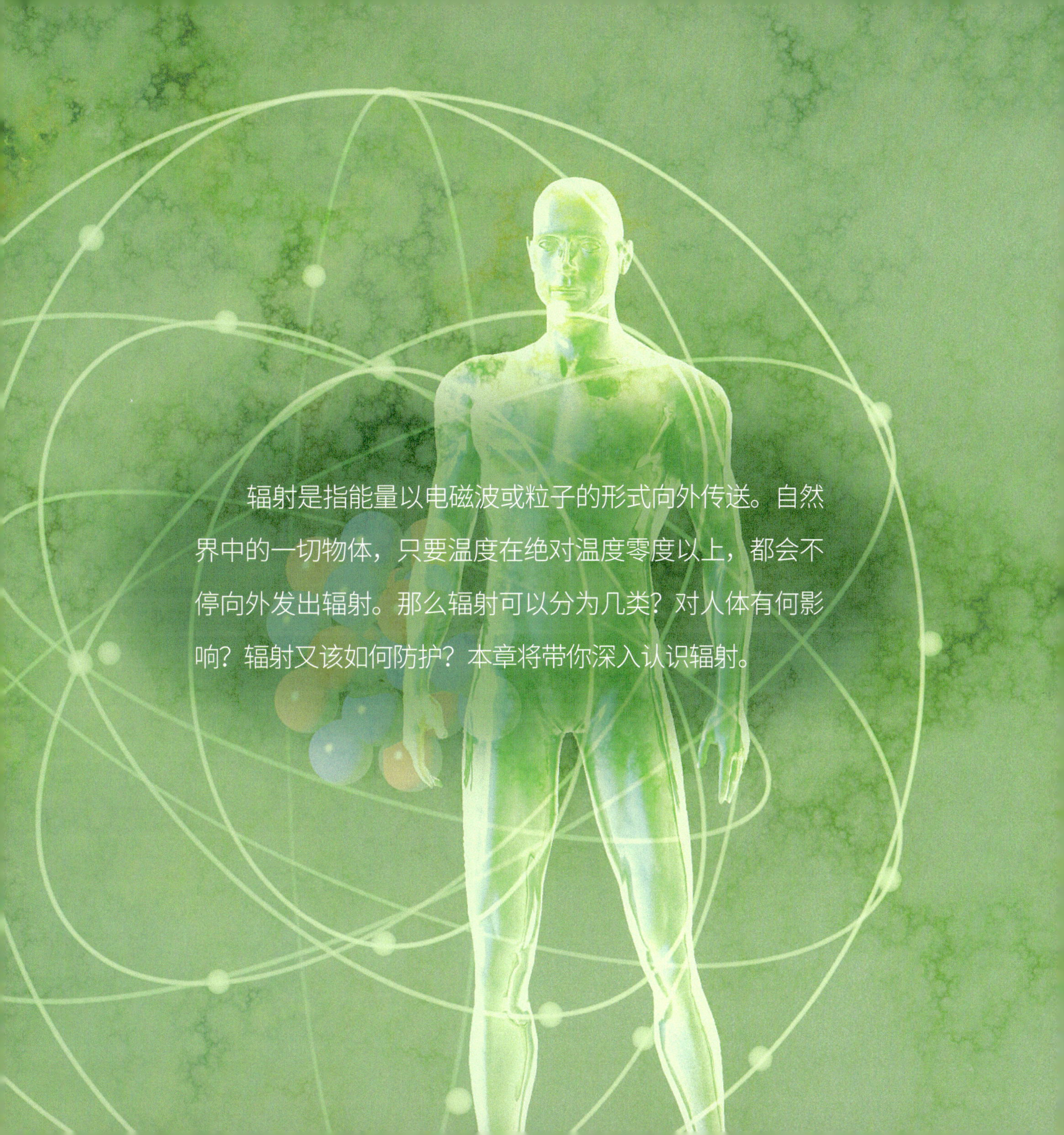

辐射是指能量以电磁波或粒子的形式向外传送。自然界中的一切物体，只要温度在绝对温度零度以上，都会不停向外发出辐射。那么辐射可以分为几类？对人体有何影响？辐射又该如何防护？本章将带你深入认识辐射。

辐射来源

Source of radiation

辐射无处不在，我们吃的食物、住的房屋、天空大地、山月草木，乃至人的身体都存在着放射性。所有生物体都在受到自然界中始终存在的电离辐射的照射。这种天然放射性是客观存在的，通常称之为天然本底照射，天然本底照射是迄今人类受到电离辐射照射的最主要来源。了解天然放射性的来源与水平，是环境放射性监测所需基础知识。

天然辐射源按其起因分为三类

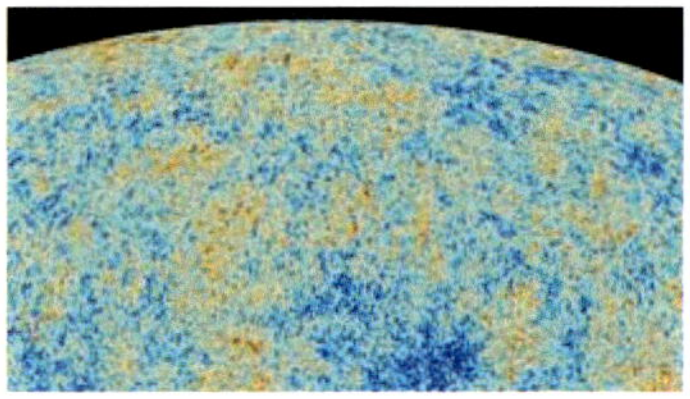

宇宙辐射，即来自于宇宙空间的高能粒子流

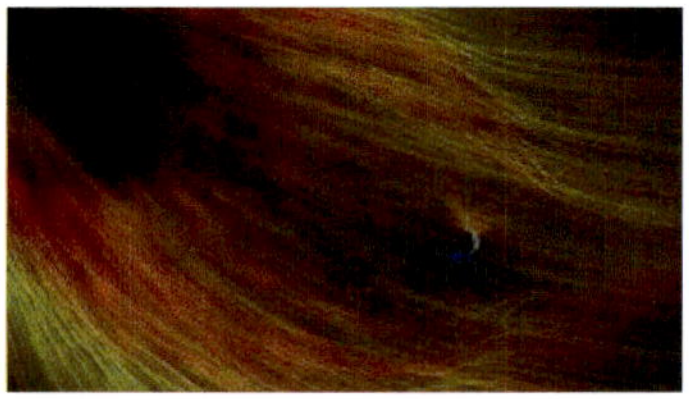

宇宙核素，他们主要是有宇宙射线与大气的原子核相互作用产生的

原生核素，存在于地壳中的天然放射性核素

生活中的辐射

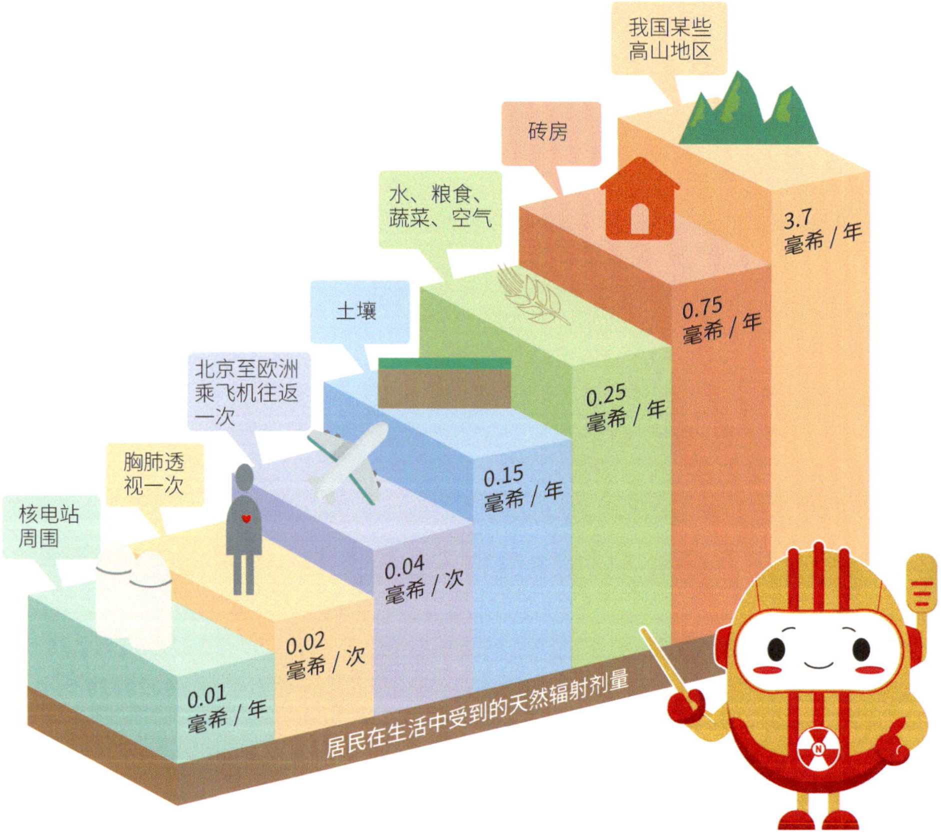

辐射分类
Classification of radiation

自然界中的一切物体，只要温度在绝对零度以上，都以电磁波和粒子的形式时刻不停地向外传送热量，这种传送能量的方式被称为辐射。

电离辐射与非电离辐射（频率分布图）

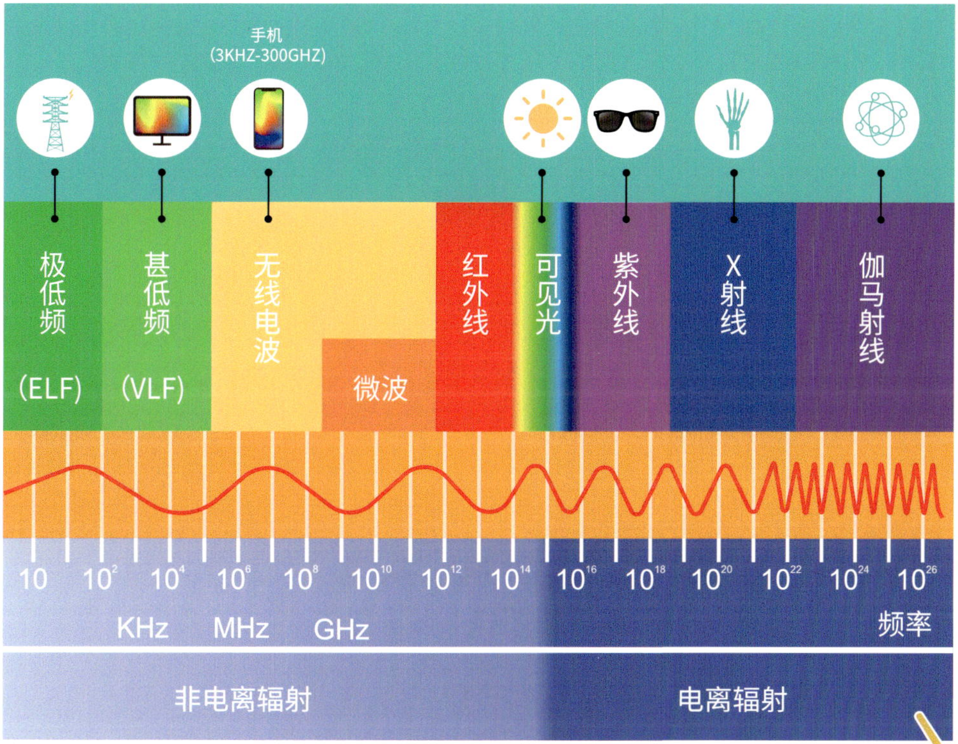

实际上，根据辐射的频率不同，我们可将它分为非电离辐射和电离辐射两个类别。非电离辐射的能量比较低，并不能使物质原子或分子产生电离，不会对人体造成伤害，只会令物质内的粒子振动，温度上升。而电离辐射指的是能够使物质电离的辐射，其波长短、频率高、能量高，会对人体造成伤害。

辐射影响
Effects of radiation

生物体在受到辐射照射后，可能产生各种不同的生物学效应。若受到的辐射剂量过大，可对生物体造成不可逆的伤害。我国对公众及辐射从业人员的受照剂量进行了严格的规定，以确保辐射安全。

认识单位——希沃特

在放射医学和人体辐射防护中，辐射剂量的单位有多种衡量模式和计量单位。较为完整的衡量模式是“当量剂量”，是反映各种射线或粒子被吸收后引起的生物效应强弱的辐射量。其国际标准单位是希沃特，记作 Sv。定义是，每公斤 (千克、kg) 人体组织吸收 1 焦耳 (J) 为 1 希沃特。

希沃特（Sv）是个非常大的单位，因此通常使用毫希沃特（mSv），1 Sv=1000 mSv。此外还有微希沃特（μSv），1 mSv=1000 μSv。

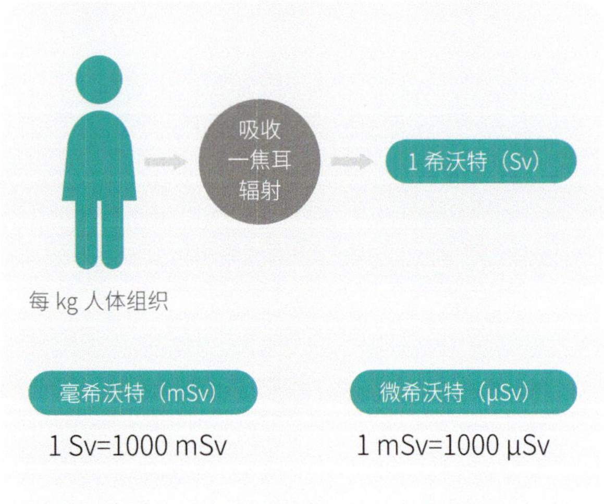

辐射对人体的影响

放射性物质可能穿透衣物等防护层，使人员受到外照射伤害，且可通过呼吸吸入、皮肤伤口及消化道吸收进入体内，引起内照射。

内、外照射形成放射病的症状有：疲劳、头昏、失眠、皮肤发红、溃疡、出血、脱发、呕吐、腹泻等。有时还会增加癌症、畸变、遗传性病变发生率，影响几代人的健康。一般讲，身体接受的辐射能量越多，其放射病症状越严重，致癌、致畸风险越大。

轻度损伤，可能发生轻度急性放射病，如乏力、不适、食欲减退。

中度损伤，能引起中度急性放射病，如头昏、乏力、恶心、呕吐、白细胞数下降。

重度损伤，能引起重度急性放射病，虽经治疗，但受照者有 50% 可能在 30 天内死亡，其余 50% 能恢复。表现为多次呕吐，可有腹泻，白细胞数明显下降。

极重度损伤，引起极重度放射病，死亡率很高。多次吐、泻、休克，白细胞数急剧下降。核事故和原子弹爆炸的核辐射都会造成人员的立即死亡或重度损伤。还会引发癌症、不育等。

一次受照剂量 单位：毫希沃特	对人体的影响
小于100	无影响
100～250	观察不到临床反应
250～500	可能引起血液变化，但无严重伤害
500～1000	血液发生变化，且有一定损伤，但无倦怠感
1000～2000	损伤，可能发生轻度急性放射病，容易治愈
2000～4000	明显损伤，能引起中度急性放射病，能够治愈
4000～5000	能引起重度急性放射病，虽经治疗，但受照者 50% 可能在 30 天内死亡，其余 50% 能恢复。
大于6000	引起严重放射病，可能致死

核动力舰船与核电站正常运行时，在屏蔽走廊、核岛厂房等地按规定进行日常检查，受照剂量小于 20 mSv，不会对人体造成伤害。

日常检查

屏蔽走廊

核岛厂房

内照射和外照射

内照射

内照射是指放射性物质进入人体内部而造成照射。放射性核素可以经吸入、食入、皮肤黏膜或伤口进入体内。

对进入人体内的放射性物质，有些可以通过服用促排药，加快放射性物质向外排出，但效果不是很明显。

因此，对内照射的防护，最重要的措施是切断放射性物质进入人体的途径，防止放射性物质经吸入、食入、皮肤黏膜和伤口等途径进入人体内部，或尽量减少放射性物质被人体吸收。

外照射

外照射是指体外放射源对人体的照射。

α 射线、β 射线和 γ 射线、中子等都能够对人体全身或某个器官产生危害。外照射危害的大小取决于辐射的性质。

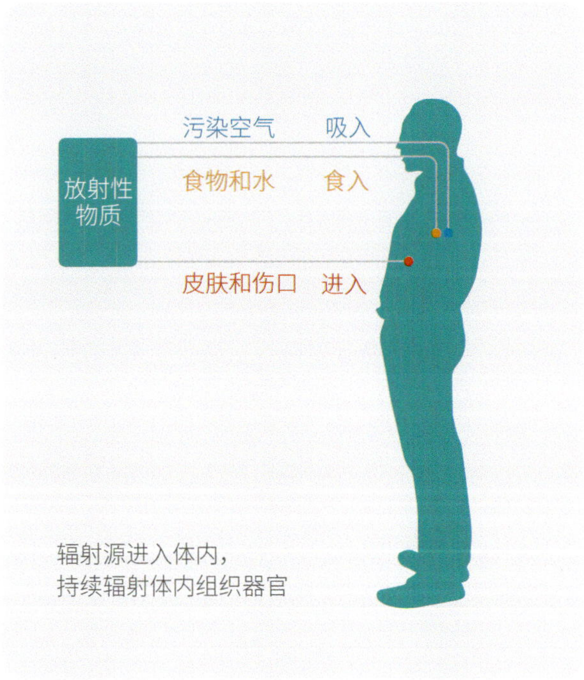

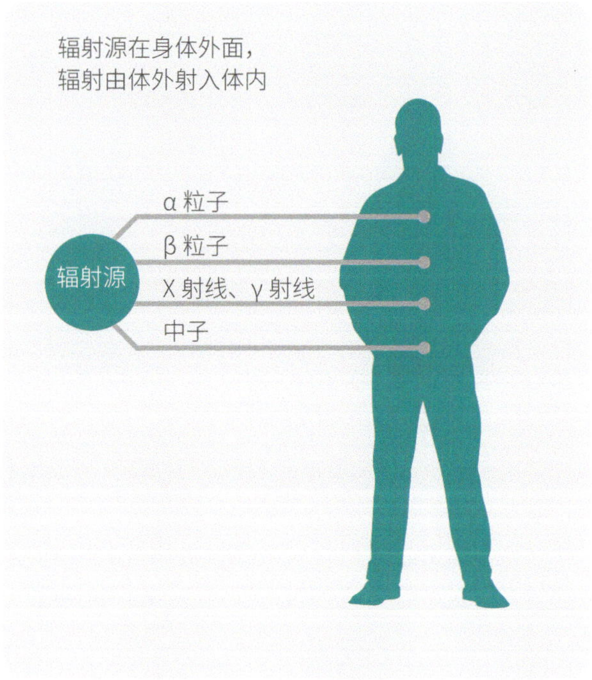

军队应急辐射剂量控制　GJB1067.16-2001

A 正常情况下

核潜艇工作人员个人剂量应进行控制，使其不超过下列限值

20 mSv;
连续 5 年内的年平均有效剂量

50 mSv;
任何一年中的有效剂量

150 mSv
眼晶体的年当量剂量

500 mSv
四肢（手与足）或皮肤的年当量剂量

我国辐射防护剂量限值

1. 职业照射剂量限值：

20 mSv;
由监管部门决定的连续 5 年的年平均有效剂量

50 mSv;
任何一年中的有效剂量

150 mSv
眼晶体的年当量剂量

500 mSv
四肢（手与足）或皮肤的年当量剂量

2. 公众照射剂量限值：

1 mSv;
年有效剂量

5 mSv;
特殊情况下，如果 5 个连续年的年平均剂量不超过 1 mSv，则某单一年份的有效剂量可提高到 5 mSv

15 mSv
眼晶体的年当量剂量

10 mSv
皮肤的年当量剂量

辐射防护
Radioprotection

电离辐射会对人体造成伤害，但是如果采取适当的防护和正确的操作，完全可以做到安全、无害地开发利用核与辐射的能量。

时间防护

缩短受照射时间：受照射的累积剂量和受照射时间成正比。在一切接受电离辐射的操作中，应以尽量缩短受照射时间为原则。例如，在用X射线进行胸部透视时，病人所受照射剂量随检查时间而增加，医生应当在查清病灶情况下，尽量缩短透视时间。

距离防护

增大与辐射源间的距离：增大操作人员与辐射源间的距离，可以降低受照射的剂量。对于点状放射源，人体受照剂量率与距离平方成反比。在实际操作中常使用远距离操作的工具，如长柄钳、机械手、远距离自动控制装置等以降低剂量率。

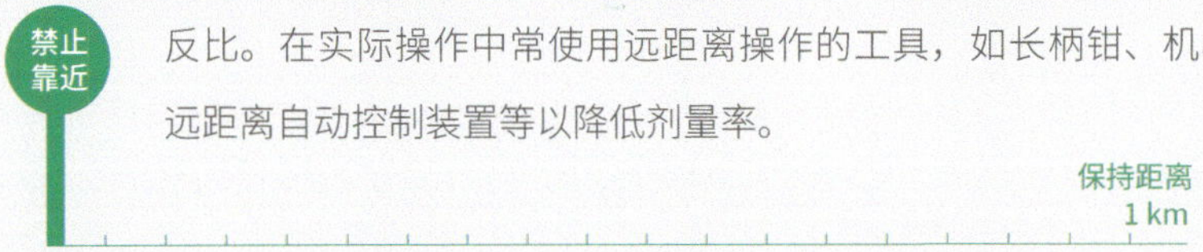

屏蔽防护

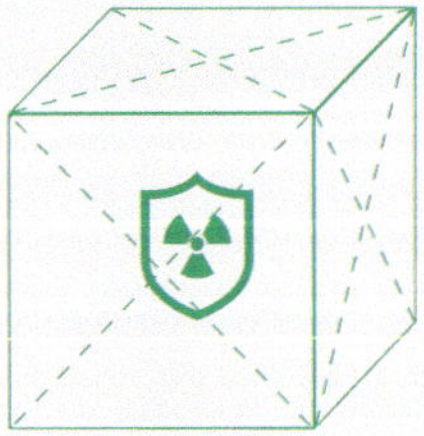

根据放射性防护要求和放射源的不同，屏蔽方式分固定式和移动式两种。固定式的屏蔽物有防护墙、地板、天花板、防护门和观察窗等；移动式的有包装容器、各种结构的手套箱、防护屏和铅砖等。

Q：正确的防辐射方法有哪些呢？

A：针对外照射的辐射防护主要有三个原则，即：

1）缩短接触放射性辐射的时间，必须到辐射污染环境工作者可采用轮流作业措施，减少接触辐射时间。

2）远离辐射源，离放射源越远，受到的辐射剂量成倍减少。

3）屏蔽防护，即用防护设备，如铅衣、铅屏风等阻挡射线对人体的辐射作用。在建筑物进行隐蔽时，应关闭门窗，关闭通风设备。

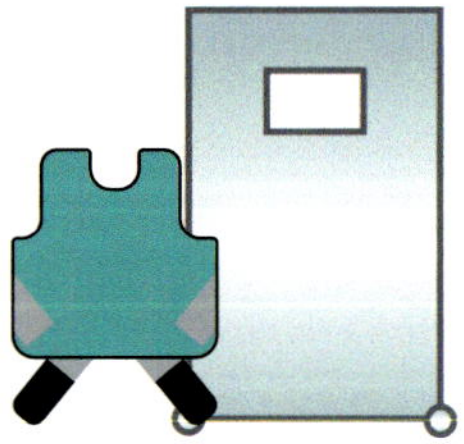

铅衣、铅屏风

警示标志

国家的法规标准规定，一切放射性场所及放射源容器上都必须有放射性警示标志。遇到这样的标志，表明该处有电离辐射，要尽可能避开。

防护装备

当人们需要进入放射性场所进行相关操作，如设备检修、核试验、抢险等操作时，需要穿上核辐射防护服。核辐射防护服是由特殊材料制成的，对 α 射线、β 射线、γ 射线、X 射线等电离辐射提供屏蔽，从而保障人员安全。

“碘片”的作用

Q：为什么要服用碘片？

A：碘片的主要成分是碘化钾，服用碘片后，碘化钾进入体内沉积在甲状腺，使甲状腺处于碘饱和状态，让放射性碘“无处藏身”，快速排出体外，从而保护了甲状腺。

Q：怎样服用碘化钾？

A：在怀疑受到放射性碘污染 4 小时内，根据政府部门发出的指令进行服用。成年人推荐服用量为每日 100 mg，孕妇和 3~12 岁儿童服用量为每日 50 mg，3 岁以下服用量为每日 25 mg，最长连续服用时间不可超过 10 日。

Q：私自服用碘片是不是可以预防核辐射？

A：这个认识是错误的，对于我国现阶段检测情况来说，我国还未受到核辐射影响，不存在预防，而擅自服用碘片，对于甲亢和碘过敏的人来说，反而是一件危险的事。

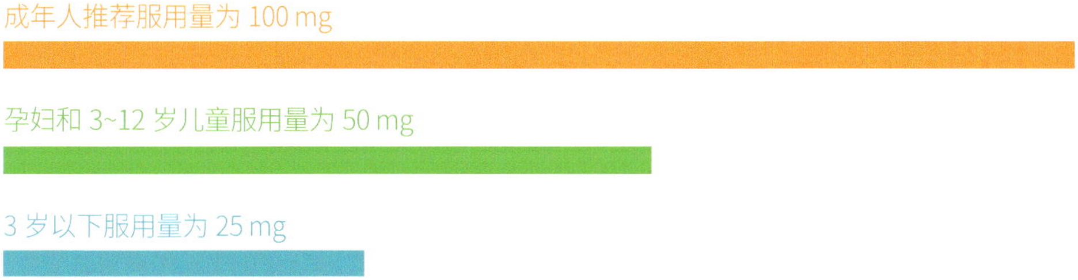

核安全监管

05

我国始终以理性、协调、并进的核安全观为指导，坚持安全第一的根本方针，深入贯彻“独立、公开、法治、理性、有效”的监管原则，实现核与辐射安全监管体系和监管能力现代化的目标。

民用核安全监管
Civil nuclear safety supervision

近年来，随着对自身健康和生存环境的关注度逐渐提升，人们的维权意识越来越强，对核安全的要求和期望也越来越高。

为了督促许可证持有者在核设施内建立和维持防止潜在辐射危害的有效防御措施，以保护个人、社会和环境免受来自此类设施的电离辐射的有害影响，防止带有放射后果的事故发生和一旦发生事故时减轻此种后果， 1994 年 6 月，国际原子能机构在维也纳总部通过了《核安全公约》。《核安全公约》对核安全监管问题提出了基本要求。

民用核安全监管的核心理念

（1）设立能够代表国家的监管机构

公众对一项技术的接受与否，很大程度上也取决于政府的监督管理是否全面严格，以及公众对政府机构的信任程度。1984 年 10 月，我国专门成立了核安全局，受国务院直接领导，独立行使核安全监督检查职能。

中国国家核安全局

（2）把核活动列入法律禁止的特殊行为，实行核活动许可证制度

核活动作为一项高风险技术使用行为是法律禁止的行为，并因为其特殊性，被列为国际社会关心的、受到国际法制约的一种特殊行为。对于这样一种行为，由于其高度危险性和敏感性，必须实施更加严厉的管控。为此，各有核国家均把核活动纳入法制轨道，用法律来规范这种特殊行为，未经政府部门的许可，任何行为人（当然包括个人和社会团体）均不得从事核活动。

（3）运用法律授予的权力，对核安全责任单位实行核安全监督检查

对许可证持有者进行检查，以查明他们是否遵循相关的法规、条例、命令和许可证的要求，并确定他们是否采取适当措施保护核材料、核设施、环境以及公众的健康和安全；对许可证申请者进行检查，作为颁发或不予颁发开工、建造或运行许可证的依据；检查有关安全方面的服务设施、部件和设备的供应商，以确定他们是否制订了符合相关标准的质量保证计划；调查各种故障、事故、个人的指控以及专用核材料的丢失、偷盗、转移等非常事件；根据检查和调查情况提出对许可证条件和各种标准的修改意见；将一些共性问题通知许可证持有者，以起到预防和纠正作用。

IAEA
International Atomic Energy Agency
Atoms for Peace

（4）采用国际通用的技术标准，并加强国际间的运行经验交流

各国政府都尽可能地利用国际原子能机构（IAEA）这一国际组织所提供的服务。如采用 IAEA 所制定的标准，接受 IAEA 的技术援助，包括 IAEA 派出的运行安全检查组（OSTAR）以及国际安全咨询组（INSAG）提出的有关运行和机构的未来工作等方面的建议。加入国际核事件报告系统，借鉴他国对各类事故的预防、缓解以及处理的经验。

（5）依靠深入细致的监管工作赢得公众的信任

美国核管会成立不久，便因为监管工作不规范，监督管理工作不深入，其威信大受影响。三哩岛核电站事故发生后，核管会作出的一系列反应，均显示出它缺乏对事故现场情况的了解。而且，由于没有就如何向地方、州政府和新闻媒体通报信息的经验和预案，核管会和核工业界向公众提供的关于事故危害程度的信息含糊其辞、难以理解，甚至相互矛盾。因此，在三哩岛核事故发生后，核管会认真吸取教训，建立了大量的安全规章，扩大了安全监督范围，更加注重对人为失误和小设备故障的监管。在预防事故发生的同时，制定新的应急预案，作好应急准备，减小事故损失。这些措施对提高核管会的公信力具有重要的作用。

军用核安全监管
Military nuclear safety supervision

1. 设立专门机构

为了加强对军事核活动的管理，苏、美、英、法等国也都把军事核活动纳入法律监督之下，专门设立了监督管理机构。如，美国核武器的安全监督由国防部的国防核武器局总负责，对于海陆空军，分设有专门的核安全责任部门。陆军设有核武器与化学武器局，空军设有核安全局，海军设有核武器安全部和海军武器鉴定所。舰艇用核推进装置的安全监督由海军核推进计划反应堆安全部负责，主要职责是对美国军用反应堆的研究所、设计院、生产厂及核潜艇部队进行核安全监督。另外，在各舰队，还专门设立了海军核动力装置检查委员会，专门负责核推进的安全检查。

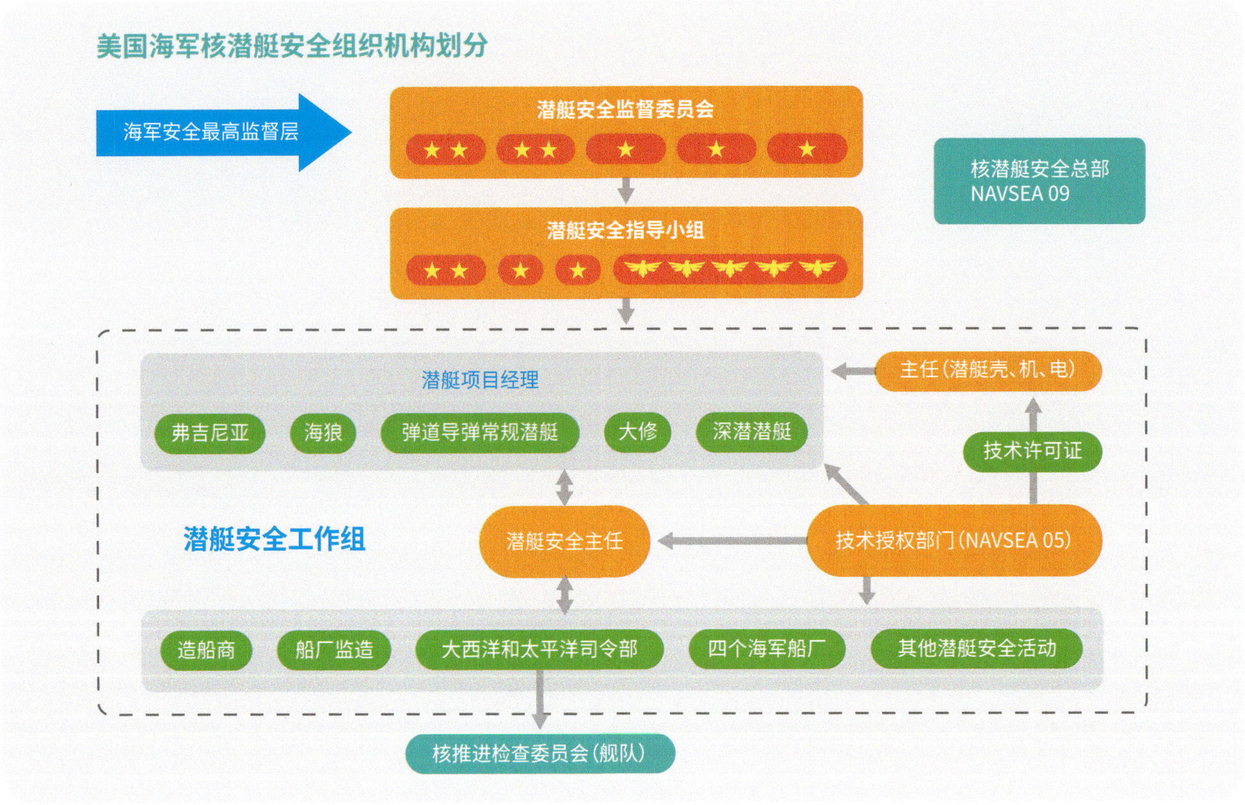

2. 实行严格的核安全检查制度

从美海军指示指令研究看出，美国海军核动力装置检查委员会主要是对人员职责履行情况、人员的训练情况、装置的技术状况和运行的准备情况等项目进行检查。检查分为临界前的安全检查、大修后的安全检查、在航舰艇反应堆的安全检查、辐射控制活动检查四种。美海军建立了核安全不符合项的复查制度。有关规定指出，在反应堆安全检查中如果发现有一项以上不合格时，则在舰艇反应堆重新临界或投入运行前必须进行全面复查。核动力装置大修后经检查不合格者，临界运行前，也需由海军核动力装置检查委员会进行严格的复查。

3. 建立了畅顺的情况报告制度

核动力检查委员会的检查报告每次都以书面形式提交给舰队司令，舰队司令必须在一个月之内将报告抄送有关人员。如果涉及人员以及装置的管理则抄送海军作战部长（相当于我海军司令）和相应的舰种司令。如果涉及舰艇，则应抄送海军反应堆局局长。如果涉及辅助船只和辐射控制，则应抄送海上系统司令部主管核推进的副司令。如果是与纠正不符合项有关的报告，则上述人员均需要抄送，供各级部门决策使用。

军用核安全特点
Military nuclear safety features

军用核安全具有以下鲜明特点：

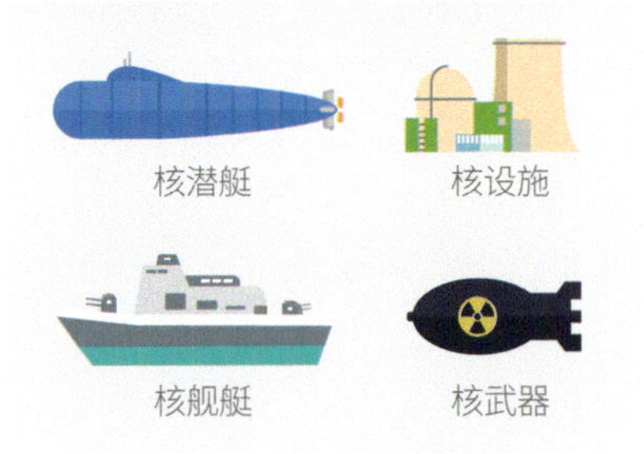

1. 对象多元性：与核电比，既有核动力潜艇，也有核武器、核设施，种类多、差异大、活动频、管理难。

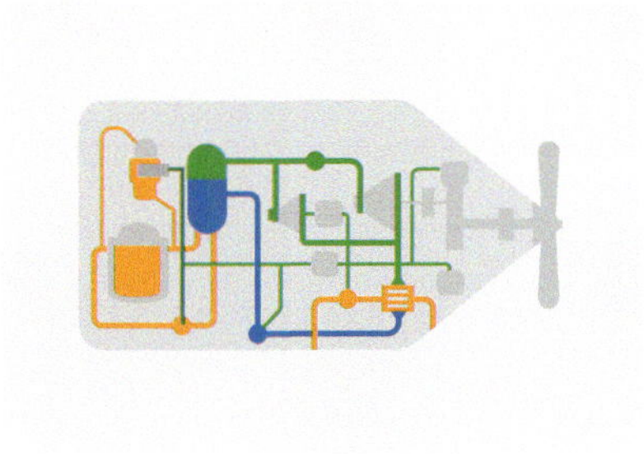

2. 系统复杂性 核潜艇核武器集高、精、尖技术于一体，安全要求苛刻，必须考虑极端情况，防范各种风险，复杂程度远高于其他武器装备。

3. 内在差异性：舰艇核动力装置空间受限，安全重要设备冗余度、多样性不足，放射性包容与事故缓解能力弱；反应堆启停次数多、战术机动频繁，导致工况多变，对设备、管路冷热冲击大，安全风险高。

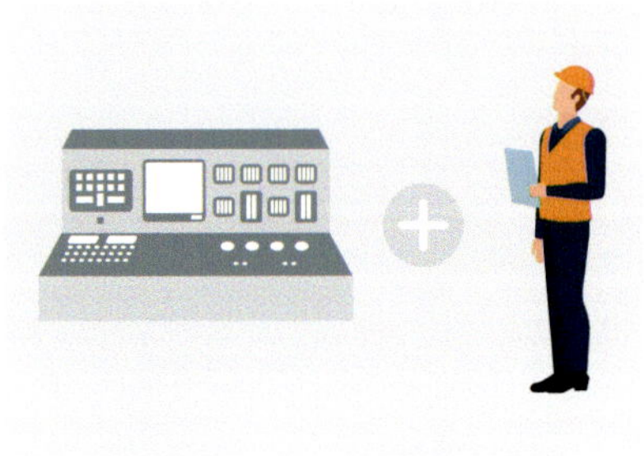

4. 人因关联性：舰艇核动力装置人机接口多，手动操作频繁，岗位号手轮岗变动多，指挥员决策和操纵员能力素质直接影响核安全；艇员长期处于相对封闭的高温、高湿、高噪声环境，身体健康和心理压力对核安全影响大。

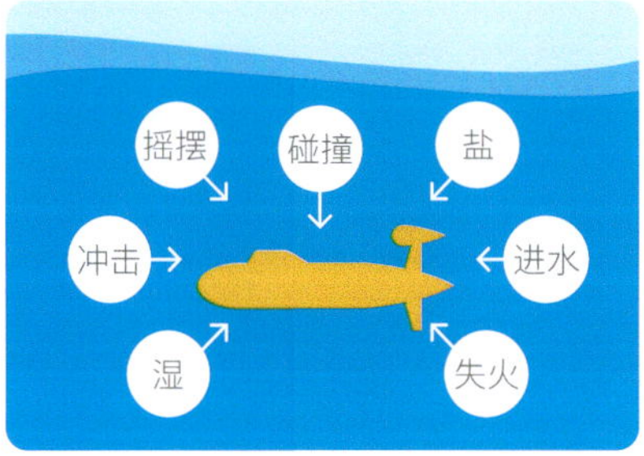

5. 环境特殊性：海洋环境下艇体运动状态对反应堆控制和系统热工水力影响大，对抗摇摆、抗冲击、耐湿耐盐要求高，潜艇碰撞、进水、失火等外部突发事件也会危及反应堆与贮航核导弹安全。

6. 救援困难性：核潜艇位于远海发生核事故时，外部救援受航行距离、装备手段、国际法等多方面因素影响，应对难度大、时效性差。

核安全监管落实

Nuclear safety regulatory system

1. 核与辐射安全监管的审批制度

核安全法规条例明确规定了核装备、核设施在选址、设计、建造，调试、运行、涉核重要物项维修整治、退役处置前必须取得核安全许可或批准文件。国家核安全局监督管理的主要措施之一是许可证制度。核安全许可证件是国家监管机构批准申请人从事与核安全有关专项活动（如核电站选址、建造、调试、运行、退役等）的法律文件。

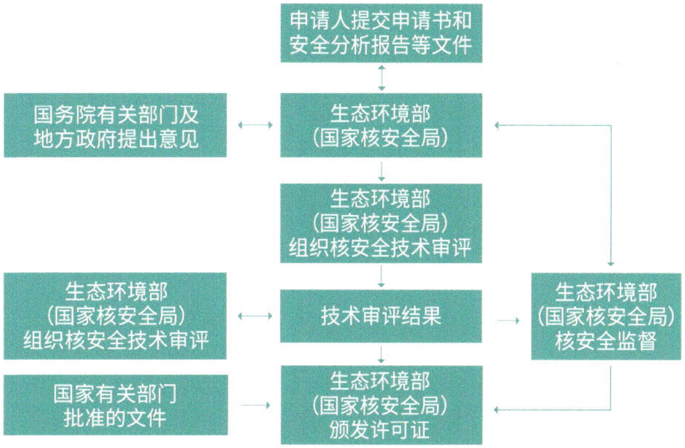

2. 核与辐射安全监管的资格管理制度

为确保所从事涉核活动的单位和人员必须具有相应的能力，核安全管理条例要求对从事关键涉核装备设计、生产、制造的单位以及关键涉核岗位人员建立资格管理制度，主要包括涉核单位的核安全资格管理和涉核人员的核安全资格管理。

阶　段	必须提交的报告	许可证种类
选　址	选址报告 选址阶段环境评价报告	厂址认可
建　造	初步安全分析报告 建造阶段环境评价报告	建造许可证
首次装料	最终安全分析报告 装料阶段环境评价报告 场区应急预案	首次装料许可证
运　行	试运行总结报告 修订的最终安全分析报告 试运行阶段环境评价报告 修订的场区应急预案	运行许可证
退　役	退役申请报告 退役环境评价报告	退役许可证

3. 核与辐射安全的监督检查制度

根据核安全监督管理规定，国家核安全局的职责包括制定监管要求、开展安全评审、颁发活动许可、现场监督验证、问题处理反馈。一般采用的监管方法有综合监督检查、专项监督检查、日常监督检查。

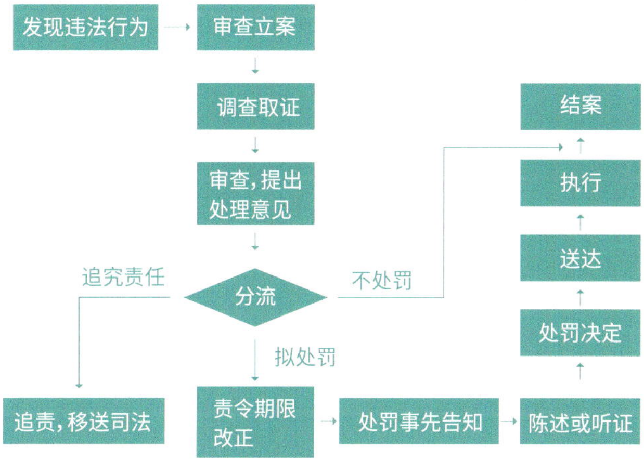

核安全文化

06

核事故的教训，促使人们认识到避免人因失误是保障核安全的重要屏障。核安全文化的提出为解决人因问题提供了一条可能的途径。核安全文化是核能与核技术利用实践经验的总结，是核安全大厦的基石，为保障核安全、保障公众健康和环境安全发挥着重要作用。

中国的核安全观
China's nuclear security concept

2014 年 3 月 24 日，在荷兰海牙举行了第三届核安全峰会。中国国家主席习近平出席并发表了重要讲话，介绍了中国的核安全措施和核安全成就，呼吁国际社会携手合作，实现核能持久安全发展。同时，习主席阐述了中国的核安全观：

1. 发展和安全并重，以确保安全为前提发展核能事业。
2. 权利和义务并重，以尊重各国权益为基础推进国际核安全进程。
3. 自主和协作并重，以互利共赢为途径寻求普遍核安全。
4. 治标和治本并重，以消除根源为目标全面推进核安全。

习近平主席指出，人类要更好利用核能、实现更大发展，必须应对好各种核安全挑战，维护好核材料和核设施安全。加强核安全是一个持续过程。我们要坚持理性、协调、并进的核安全观，把核安全进程纳入健康持续发展轨道。

严重核事故反思

Reflection on severe nuclear accident

核能的发展并非一帆风顺，核电历史上已发生了三起严重核事故。我们应回顾和反思这些事故，吸取经验教训，在发展和利用核能的同时保障核安全。

三哩岛、切尔诺贝利反思——人因失误

三哩岛核事故：

1979 年 3 月 28 日，由于一系列看似偶然的因素，美国宾夕法尼亚州的三哩岛核电站 2 号机组发生了一起堆芯熔化事故，这是美国核电史上最为严重的一次事故。

当日凌晨，该机组二回路水泵发生故障后，二回路的事故冷却系统自动投入，辅助给水泵启动。但由于此前工人进行检修工作后未将辅助给水管线上的阀门打开，这一系统自动投入后，二回路水仍然断流。同时，二回路给水丧失导致了冷却剂压力和稳压器水位持续升高，稳压器上部的先导式释放阀自动开启以降压，反应堆触发紧急停堆，链式裂变反应停止。但在一回路压力下降至正常后，卸压阀却由于故障未能自动回座，一回路冷却剂继续外流，使得堆芯应急冷却系统自动投入，此时，操纵人员未判明卸压阀状况，关闭了堆芯应急冷却系统，停止向堆芯注水。由于冷却剂丧失，堆芯裸露，导致堆芯余热无法排出，就这样，一次小故障最终发展成为严重的堆芯熔化事故。

事实上，由于工程安全设施和反应堆安全屏障的作用，这次事故并未造成任何人员伤亡，释放的放射性物质对公众的辐射健康影响也极其微小，只有三名工作人员受到了略高于半年允许剂量限值的照射。然而，三哩岛核事故极大地打击了美国公众对核电的信心，也改变了政府对核电的态度，美国核电建设在此之后陷入了长期的低迷状态。

切尔诺贝利核事故：

1986 年 4 月 26 日，苏联切尔诺贝利核电站 4 号机组（石墨水冷堆）在为提高安全水平而进行试验的过程中，操纵人员在盲目自信的情况下多次严重违反运行规程，同时由于压力管式石墨慢化沸水反应堆先天性的设计缺陷，反应堆堆芯引入过量反应性而导致功率暴增，发生剧烈蒸汽爆炸而解体，并伴随大量石墨着火。由于反应堆没有安全壳，在爆炸与火灾的双重作用下，大量放射性物质释入大气，在西北风的作用下扩散至欧洲各地，尤其给白俄罗斯、乌克兰和俄罗斯三个苏联的加盟共和国造成大范围的环境污染。该事故直接导致了数十人死亡，是人类利用核能以来最为严重的核事故。切尔诺贝利核事故被定为国际核与辐射分级的 7 级特大事故，它造成了巨大的社会、政治和经济损失，严重打击了公众对核电的支持和信心，使全球的民用核能行业迈入了长达十几年的寒冬期。切尔诺贝利核事故证明了核安全无国界，地球上任何一国发生核事故的影响都是世界性的，一损俱损。

1986 年切尔诺贝利核事故后，国际原子能机构（IAEA）的国际核安全咨询组提交的《关于切尔诺贝利核电站事故后评审会议的总结报告》中首次提出了**“安全文化”**的术语。

如何避免人因失误：

三哩岛核事故和切尔诺贝利核事故，究其主因，都是由于人因失误引起的。通过对核电站的统计和研究结果表明，发生的各类事件中直接或间接与人因有关的事件占事件总数的 50%~70%，人因是导致事故的重要因素。同时，国内外良好实践证明，通过进行防人因失误的行为训练，并使用防人因失误工具，可以达到有效预防人因失误、减少人因失误概率的目的，能够为核能安全性提供有效的保障。为减少人因事故的发生，我国核电系统采用了防人因失误十大工具：①自我检查；②监护；③独立验证；④三向交流；⑤使用 / 遵守规程；⑥工前会；⑦工后会；⑧质疑的态度；⑨不确定时暂停；⑩工作交接

福岛核事故——超设计基准

超设计基准事故，是指超过核电站及其安全系统设计包络、事故后果比设计基准事故更为严重的事故工况。2011 年发生的日本福岛核电站事故，就是这样的超设计基准事故。

福岛核事故：2011 年 3 月 11 日，日本发生 9.0 级大地震，福岛第一核电站由于地震原因丧失了所有站外供电。随即，地震引发的海啸浪潮抵达电站，冲破了电站的防御设施，当天袭击电站的浪潮最高达到约 14 米，而防御设施的原始设计仅能够抵御浪高 5.7 米的海啸。最终，海啸浪潮深入电站内部，严重损坏了应急供电系统以及大量的基础设施，日本福岛核电站遭受了多机组熔毁的厄运，这次事故成为切尔诺贝利核事故以来最严重的核事故。虽然事故带来的放射性后果较小（无人遭受急性辐射照射、无人直接死于核事故），但造成了巨大的经济损失和严重的社会影响，引发了日本国民甚至全球对核安全的广泛担忧，重创了刚刚复苏的世界核电发展势头。福岛核事故后，各国纷纷调整核电发展计划，有的缩减核电发展规模，有的暂停审批新建项目，有的甚至通过全民公投确定了“零核电”的国家政策。福岛核事故再一次诠释了“核安全无国界”的真谛。

应对超设计基准事故原则：

一、尽可能地提高设计基准，以减小事故发生的概率。

二、保证全厂失电情况下，安全系统正常运行，保证堆芯安全，确保事故发生后无需外部支援的时间充足。

三、在加强对堆芯保护的同时，需要做好对堆芯熔毁可能引发的不良后果的应对策略，并最大限度减轻其负面影响。

核安全理念探索

Exploration of nuclear safety concept

由于可能发生的核事故，现今社会弥漫着对核的恐惧情绪，那么，核事故发生的概率究竟有多高呢?

杯弓蛇影不可取

核行业是最安全、事故发生概率最低、事故伤亡人数最低的工业领域之一，我们无需对核抱有盲目的恐惧。

虽然发生了三哩岛、切尔诺贝利和福岛核电事故，但核行业仍是低事故率、低风险行业。核能行业就人员伤亡的概率而言，大大低于汽车运输业、航空业、矿山、建筑等行业。实际上，随着科技进步和对经验教训的总结，现在的核设施在安全设计上有了很多改进，事故发生率也在不断下降。

核设施因有发生核事故的可能，其选址、设计、建造、运行和退役，必须贯彻安全第一的方针；必须有足够的措施保证质量，保证安全运行，预防核事故，限制可能产生的有害影响；必须保障工作人员、群众和环境不致遭到超过国家规定限值的辐射照射和污染，并将辐射照射和污染减至可以合理达到的尽量低的水平。为了达到核安全目标，国际原子能机构还提出了**“纵深防御”**原则，目的是使核设施和核活动都置于多重保护之下，并采取多道屏障防止放射性物质外泄，即使有一种手段失效，亦将得到补偿或纠正。

预防 ↓	防止系统故障、失效
监测 ↓	防止事件升级为事故
保护 ↓	将装置引导到安全可控状态
缓解 ↓	将放射性物质包容至最少释放量
应急	减轻放射性物质释放造成的放射性后果

纵深防御原则：递进、补充、均衡

三思后行不疏忽

我们无需对“核”盲目恐惧，但我们必须看到，核事故发生的概率虽然很低，后果却可能很严重。已经发生的几次重大核事故，在造成伤害的同时为我们敲响了警钟。对于“核”，我们决不可疏忽大意。

从世界核电的经验来看，人因失误导致的事件比例占到所有事件的 50% ～ 70%，而人的不安全行为是导致这些人因失误最重要最直接的原因。

“安全第一”是核能行业的核心理念，也是核安全管理和控制的基本原则。涉核设施、设备技术密集，系统复杂，接口繁多，运行过程中工作情况多变、操作较为复杂。由于这些特性，核行业的安全风险因素众多，关系错综复杂。一旦核安全得不到保障，其影响有可能扩散至全国甚至全球。

因此，核能工作者必须紧绷安全之弦，时时刻刻关注核安全，切不可疏忽大意，罔顾安全这一不可触碰的底线。在核科学技术广泛使用的今天，我们需全面推进核安全文化建设和可持续的卓越核安全文化培育，为国家核事业的安全高效发展保驾护航。

核安全文化实践

Nuclear safety culture practice

先进的核安全文化是做好核安全工作持续而厚重的支撑。切尔诺贝利核事故后，“核安全文化”这一概念出现在人们的视野中，数十年来，核安全文化逐渐发展完善，为世界及我国核事业的发展保驾护航。

核安全文化的定义

“核安全文化是指各有关组织和个人达成共识并付诸实践的价值观、行为准则和特性的总和，它以“安全第一”为根本方针，以维护人员安全和环境安全为最终目标。”

由于辐射危险有可能超越国界，严重核事故对全球环境和公众健康都可能有重大而持久的影响，因此，保障核安全不仅是一项国家责任，还必须进行国际合作，遵循全球统一的核安全基本原则。

核安全文化不仅仅是遵守规定和制度，同时还要求所有承担可能影响核安全的任务的工作人员具有高度的警惕性、实时的见解、丰富的知识、准确无误的判断能力和强烈的责任感。核安全文化是客观存在的，它无处不在，又无以名状，最终将以核安全业绩的形式被反映出来。

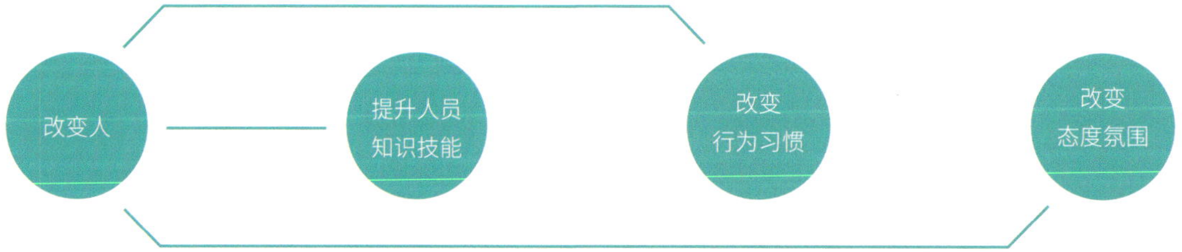

核安全文化对组织和个人的要求

- 执行者的响应
  - 质疑的工作态度
  - 严谨的工作方法
  - 良好沟通的工作习惯
- 管理层的责任
  - 明确责任分工
  - 安全工作的安排管理
  - 人员的资格审查和培训
  - 奖励和惩罚
  - 监察、审批和对比
- 决策层的责任
  - 公布安全政策
  - 建立科学的管理体系
  - 提供人力物力资源
  - 决策层不断的自我完善

卓越核安全文化的十大原则

- 领导做安全的表率
- 建立组织内部高度信任
- 决策体现安全第一
- 认识核技术的独特性
- 识别并解决问题
- 倡导学习型组织
- 构建和谐的公众关系
- 核安全人人有责
- 培育质疑的态度
- 关注安全沟通

图书在版编目（CIP）数据

漫话核安全 / 傅晟威主编. -- 北京 : 中国原子能出版社, 2021.9（2025.7重印）

ISBN 978-7-5221-1580-1

Ⅰ. ①漫… Ⅱ. ①傅… Ⅲ. ①核安全－普及读物 Ⅳ. ①TL7-49

中国版本图书馆CIP数据核字(2021)第190338号

漫话核安全

出版发行　中国原子能出版社（北京市海淀区阜成路 43 号 100048）

责任编辑　刘东鹏

责任校对　冯莲凤

责任印制　赵　明

印　　刷　北京厚诚则铭印刷科技有限公司

经　　销　全国新华书店

开　　本　880mm × 1230mm 1/16

印　　张　4.5

字　　数　118千字

版　　次　2021 年 9 月 第 1 版　2025 年 7 月 第 6 次印刷

书　　号　ISBN 978-7-5221-1580-1　　定　价　66.00 元

网址：http://www.aep.com.cn　　E-mail：atomp123@126.com

发行电话：010-68452845